GEOMETRIE
PRATICQVE, COMPOSEE
PAR NOBLE PHILOSOPHE
M. Charles de Boüelles, iadis
Chanoine de Noyon.

AVEC

Vn Traicté des mesures Geometriques, des hauteurs accessibles, ou inaccessibles, & de toutes choses pleines ou profondes, selon leur longueur, largeur, & profondité, par M. Iean Pierre de Mesmes, tres-excellent Mathematicien, augmenté par iceluy de quelques Annotations.

PLVS

L'Art de mesurer toutes superficies Rectilignes tiré des Elemens d'Euclide. Par M. Iean des Merliers d'Amiens Lecteur & Professeur du Roy és Mathematiques.

Auec Tables des chapitres contenuz ausdits liures.

A PARIS.
Chez DENISE CAVELLAT, au mont
S. Hilaire, à l'enseigne du Pelican.

M. DCVIII.

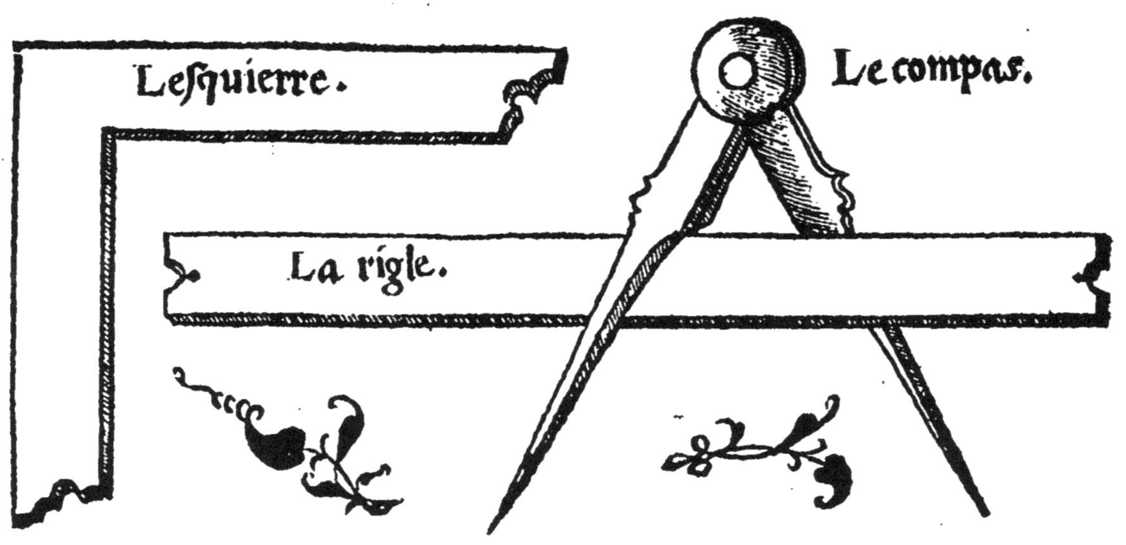
Lesquierre.
Le compas.
La rigle.

Au Lecteur.

My lecteur qui cherches les mesures,
Et quantitez des lignes & figures,
Et de tous corps par art de Geometrie,
Et plusieurs poincts & secrets d'industrie,
Qui en cest art sont trouuez plus notables,
Et pour les gens d'esperit profitables,
Qui leur sçauoir redigent en effect:
Auoir te faut ce liure, qui fut faict
Dedans Noyon, par Charles de Boüelles,
Qui n'est iamais sans faire œuures nouuelles:
Entens le donc, & si n'oublie pas
L'esquiere droict, la Reigle & le Compas:
Car de ces trois despend l'art & practique,
Et le profit du sçauoir Geometrique.

Rhythmus circularis Orontianus.

SVR tous les arts qui sont dicts liberaux
Seruans à tous, tant doctes que ruraux.
Le principal, apres l'Arithmetique,
Est le sçauoir appellé Geometrique,
Pour paruenir à ceux qui sont plus hauts,
Tous artisans & gens Mercuriaux
Qui ont desir trouuer secrets nouueaux,
De mesurer faut qu'ayent la practique,
Sur tous les arts.
Dieu a creé les corps & animaux,
Depuis le ciel iusques aux mineraux,
Par nombre, poix, & mesure harmonique:
Heureux est donc qui tel sçauoir explique,
Et qui entend secrets si generaux,
Sur tous les arts.

CAROLVS BOVILLVS V.

P. Do. Antonio Leufredo, Abbati Vrsicampi dignissimo, S.

ROgatus à quibusdam auturgis, manúve operariis, venerande P. (ab iis præsertim quibus asque adminiculo materialis regulæ, absque item circinis & gnomonibus, & aliis id genus manuariis instrumentis, sua in arte agere nil licet) vt eis vulgarem Geometriã conscriberẽ, pertinaci eorũ petitiũculæ repulsam nó dedi: quã-quam dum eorum desiderio morem gerere acquieui præter institutum meum egi, vtpote qui hactenus vix quicquam materno sermone edere consueui. Confeci igitur Gallica lingua Geometricum isagogicum. Cui quidē, ne infructuosum fieret, quum prælum disquirerem, & quidam ex Parisiensibus chalcographis, in istius excusione aureos polliciti montes, ridiculum murem peperissent (vtpote qui technas vētosáque verba dedere) adfuit tandem Orontius Regius Mathematicus, qui quum visendi tui causa Nouiodunum ventitasset, méque etiam domi oportunus Phanio conuenisset: deposui illico in manibus eius recenten fœturam præli indigam. Duo protinus ingenuè spopódit: se quidem cum primis daturum operam, vt æreis typis inuulgata, plurimis esset visui: figurarum quoque quas ibidem frequentius inscripsi, futurum ligneis in tabellis pictorem. Necnon (quod præcipuum est) aduersum mēdas obseruaturum vigiles præli excubias. Rapui confestim verbum ex eius ore pro omine, fidémque dextra dedit: nec promissa fefellit. Et quia vir ille ob inſignem virtutis & literarum amoré hactenus excoluit: cogitaui me numeraturum illi diem meliore lapillo, ſi lucubratiunculam cuius inuulgandæ prouinciam tam vltro ſibi vendicauit, tibi anteſignana epiſtola nuncuparé. Dicatum igitur tibi vulgata lingua libellum, pro inſueto noſtræ officinæ xenio, ne flocci habe. Ex cuius lectione ſi qui myſticæ Matheſeos ſcientiæ ſtudioſi aliquantum proficient, mihíque fortè ob id gratias agent: etiam meminerint, ſe pari gratiarum congiario erga egregiam tui Orontij operam fore obnoxios: eóque fœnore illam ab ipſis iuſta lance compenſari debere. Vt enim obreptitio diſticho finiam:

Vuas expreſſi, vina ille bibenda propinat:
Torcular impleui, guttura at ille rigat.

Vale. Nouioduni, Menſe Nouemb. M. D. XLII.

LIVRE SINGVLIER ET VTILE TOVCHANT

L'art & practique de Geometrie, composé en François, par maistre Charles de Boüelles, Chanoine de Noyon.

Prologue de l'Autheur touchant l'inuention de l'art de Geometrie.

L'ART de Geometrie, selon les anciennes histoires, fut iadis trouué en Egypte, à cause de la riuiere du Nil. Le pays d'Egypte estant meridional, & fort chaud, & quasi tousiours serein, & sans pluye. En lieu de pluye, pour la fertilité des champs, par la prouidence de Dieu, le Nil chacun an en temps d'esté, se desriue, & arrouse les champs, & quelque espace de temps demeure sur les terres. Puis quand il se retire les lisieres & bornes des champs sont troublees & confonduës: d'ou sourdoient anciennement grandes noises & questions entre les Egyptiens. Parquoy, pour oster les controuersies populaires, fut ordonné par les Roys d'Egypte, que par les Prestres (lesquels estoiēt oysifs, & sans payer tribut aux Roys) fust trouué quelque art de si bien mesurer & borner les champs, que par l'annuel desriuement du Nil, les champs ne fussent plus confondus ne troublez. Apres les Prestres d'Egypte, plusieurs autres gens sçauans, & de grād engin, ont adiousté & fort augmenté la science de Geometrie, cōme Pythagoras, Archimedes, Euclides, duquel le liure est à present imprimé, & par tout diuulgué. Et encores tous les iours par le labeur & speculatiō de plusieurs, ladicte sciēce croist & s'enrichist. Car il n'y a science si parfaicte, que chacun iour par nouuelles inuentions ne se puisse bien augmenter, & mettre à plus grande perfection.

Comparaison de l'Arithmetique à la Geometrie.

LA science & art de geometrie, est en proportion pareille & respondante & subalterne à la noble sciēce d'Arithmetique, comme despendāte d'icelle. Entre les deux sœurs y a pareille difference, comme entre l'ame & le corps. L'Arithmethique est dediee aux nombres, lesquels sont gisans & situez en l'ame. La Geometrie considere les mesures, les quantitez & dimẽsions corporelles, lesquelles sont posees & situees au corps, & en toute chose solide & materielle. Pourquoy l'Arithmetique en excellence de dignité & de naturelle perfection, surmonte la Geometrie d'vn hault degré: nonobstant que les principes de l'vne & de l'autre sont communs, & ensemble correspondans, comme peuuent assez tesmoigner ceux qui en toutes les deux sciences sont biẽ instruicts. L'Arithmetique est comprinse sur quatre principes seulement: c'est à sçauoir sur vn, deux, trois, & quatre, lesquels conioincts ensemble, font le nombre de dix: lequel, selon l'opinion de Pythagoras, & de tous philosophes, est fort mystique, & de grande perfection: car aussi en luy par les quatre premiers nombres dessusdicts est fõdee toute la science de Musique, & toutes les consonances & harmonies d'icelle. La Geometrie par l'imitation de l'Arithmetique, est pareillement fondee & contenue sur quatre principes seulement, nõmez en Latin Punctum, Lignea, Superficies, Corpus: C'est à dire, le Poinct, la Ligne, la Plaine ou Superfice, & le Corps. Et n'a autre chose à considerer & à contempler que ces quatre, lesquelles ſont les meſures de toute choſe ferme & ſolide, ſoit celeſte, ou ſoit contenue ſous le ciel. Et de ces quatre choſes dirons icy particulierement : & commencerons par vne table generale, & vtile à toute la Geometrie.

S'enſuit la table generale de tout ce qui eſt traicté en la Geometrie.

TABLE GENERALE & vtile à toute Geometrie.

Poinct,
Ligne,
Plaine,
Corps.

Dimenſion,
Longueur,
Largeur,
Profondité.

Poinct
Initiant,
Medians,
Finiſſant,
Ioignant,
Secant, ou diuiſant.

Ligne
Droicte,
Oblique.

Droicte
Equidiſtante,
Angulaire,
Interſecante.

Oblique,
Circonference,
Petit arc,
Grand arc,

Angle
Droict,
Agu,
Obtus.

Plaine ou ſuperfice,
Cercle,
Figure angulaire.

Cercle,
Demy cercle,
La grande portion,
La moindre.

Figure angulaire
Triangle,
Quadrangle,
Pentagone,
Hexagone,
Heptagone, &c.

Triangle
Iſopleure,
Iſoſcele,
Scalene,
Orthogone,
Oxygone,
Ambligone.

Quadrangle
Regulier,
Irregulier.

Regulier.
Quarré,
Longuet,
Rhombe,
Rhomboide,

Pentagone
Regulier,
Irregulier,
Vniforme,
Egredient.

Hexagone
Irregulier,
Regulier,
Vniforme,
Egredient.

Et ainſi des autres figures qui ſõt innumerables.

Corps
Triangulaire,
Tetragonique,
Pentagonique.

Triangulaire
Tetracedron,
Octocedron,
Icocedron,

Tetragonique
Regulier,
Irregulier.

Regulier
Cube.

Pentagonique
Dodecedron, &c.

FIN.

DES PRINCIPES ET DIMENSIONS Geometriques, & de la figure circulaire, & partie d'icelle.

CHAPITRE I.

Du poinct.

LE poinct ressemble à l'vnité en Arithmetique. Car cóme vnité n'est pas nombre, mais est le commencement & principe de touts nombres : aussi le poinct est commencement de toute mesure, & de toute corporelle dimension, n'ayant en soy ne longueur, ne largeur, ne profondité. 1

De la ligne.

LA ligne est semblable & proportionnee au nombre de deux. Car à tout le moins deux poincts sont necessaires à produire & tirer vne ligne de l'vne iusques à 2 l'autre:comme il appert par la ligne A B. La ligne tient vne ſeule A ——— B dimenſion,car elles eſt ſeulement longu e, ſans largeur & ſans profondité.

3 *De la plaine, autrement dicte ſuperfice.*

LA plaine, autrement dicte ſuperfice reſſemble par iuſte proportion au nombre de trois : car pour le moins ſont neceſſaires trois poincts pour clorre & fermer vne plaine. Au moindre champ de terre, quel qu'il ſoit, faut trois liſieres pour le fermer: comme il appert au triangle A B C. La plaine eſt longue, & large ſans profondité. Quand on meſure vn chãp de terre, on ne regarde que la longueur & largeur dudict chãp, ſans conſiderer aucune profondité. Car comme on dit en Latin: *Cuius eſt ſolum, huius eſt cælum, & vſque ad infernum*: c'eſt à dire, Qui eſt poſſeſſeur d'vn champ de terre, à luy eſt iuſques au ciel, & iuſques en enfer, ou iuſq̃es au centre de la terre. Parquoy en la proprieté d'vn champ de terre, on ne meſure que la longueur, & largeur: & non le haut, ne le bas.

Du corps.

LE corps se prend en Geometrie, non pour la substance du corps humain subiect & seruant à l'ame, mais pour toute mesure corporelle ayãt trois dimensions, c'est à sçauoir lõgueur, largeur, & profondité. Et ressemble le corps au nõbre de quatre. Car pour le moins faut quatre poinctspour clorre & constituer vn corps: comme il appert au corps triangulaire ou Pyramidal ABCD, ayant longueur, largeur, & haulteur. Quand vn maçon veult marchander de faire vne muraille ou vne tour, il doit considerer & mesurer combien on la veult de long, & de large, & de profond. Et sur ce doit faire son marché, ou autrement seroit deceu. 4

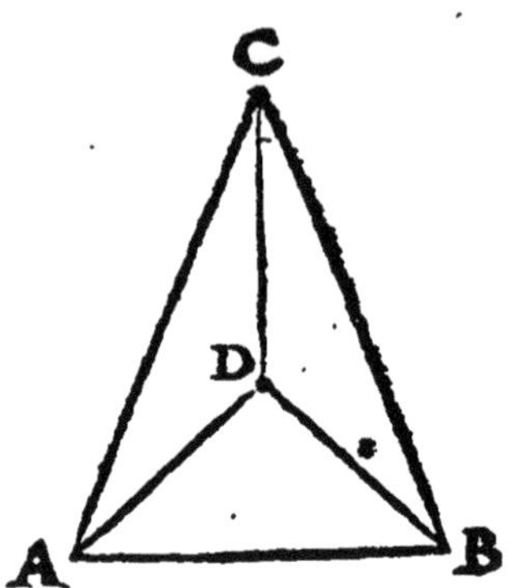

Des trois dimensions & mesures. 5

A La semblance & imitation de la treshaulte & tressaincte Trinité diuine, n'a en toute science de mathematique que trois mesures, & corporelles dimẽsions, longueur, & largeur, & profondité. Le poinct de ces trois dimensions est du tout exempt, la ligne est seulement longue, la plaine est longue, & large: & le corps comme le plus parfaict de tous, est long, & large, & profond.

Des differences du poinct.

LE poinct (comme il appert en la table premise cy deuant) est en plusieurs differences. Car au cõmencement de la ligne il est initiatif, au milieu moyẽnant, & en la fin terminãt & finissant comme, sont ces poincts ABC, de la ligne AC. Au chef d'vn angle, il est ioignãt deux lignes concurrentes au bout de l'ãgle: comme est le poinct B, de l'angle ABC. En l'intersection de deux lignes, il est entrecoupãt & diuisant: comme le poinct E, par lequel les lignes AB, & CD, sont diuisées. Et quand il eschet au milieu d'vn cercle, ou de toute figure reguliere, on l'appelle le centre, & vray milieu de ladicte figure, soit ronde ou angulaire: comme le poinct A, du present cercle, ou pentagone BCDEF.

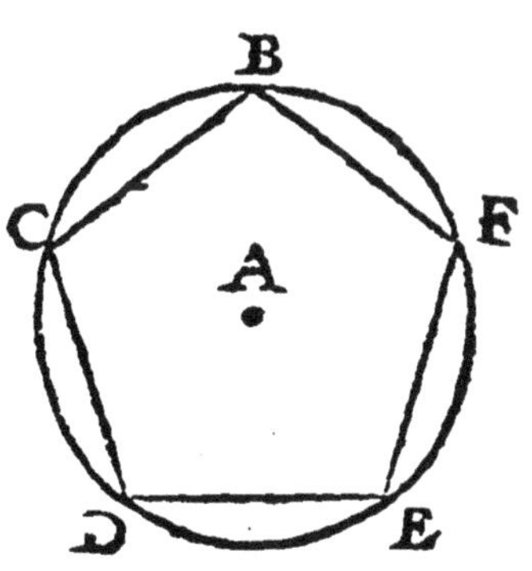

Des eſpeces de la ligne. 7

LA ligne a deux eſpeces, car il y a ligne droicte, & ligne oblique. La ligne droite ſe produit d'vn poinct à l'autre par l'aide du reiglet de bois ou d'airain, comme eſt la ligne AB. Car ſans materiel inſtrument aſſeurant la main, à grande peine ſe produiroit. La ligne oblique ſe produit par le moyen du compas, par lequel la main prend aſſeurance à faire le tour: comme eſt la ligne oblique CDE. Le reiglet & le compas ſont les deux plus neceſſaires inſtrumẽts de la Geometrie, ſans leſquels tous Geometriens ne ſçauroient faire ne inuenter ou approuuer grande choſe. Le reiglet ſert à toutes lignes droictes, & aux figures angulaires: le compas eſt ſeruant au cercle & à toutes figures circulaires & ſpheriques. 8

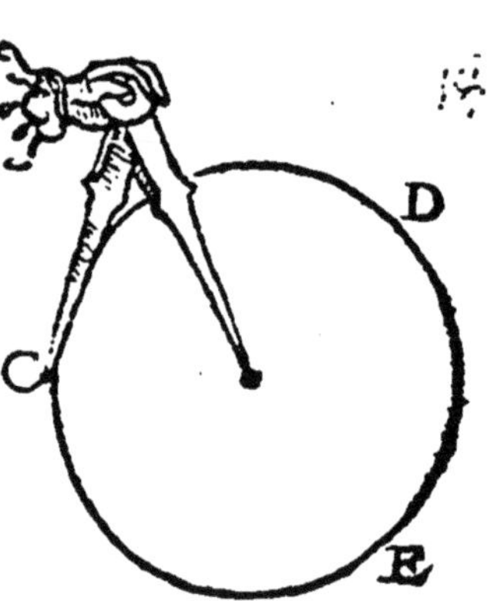

De la ligne droicte.

LA ligne droicte comme il appert par la premiere table, eſt en triple difference. Car ou elle eſt equidiſtãte à vne autre droicte comme ſont les deux lignes AB, & CD, leſquelles se on produi soit d'vn costé ou d'autre, ne feroient angle, & ne viendroient à vn poinct. Ou deux lignes droictes sont non equidistã tes, & angulaires comme on voit par la preséte figure: en laquelle les deux lignes AB. & CD, font angle actuel: ou produictes continuellemét viendront se rencontrer & creer angle. Ou deux lignes droictes sont intersecantes en quelque maniere que ce soit, tant en angles droicts qu'en angles diuers. Et l'intersection desdictes lignes n'est qu'vn seul poinct moyen entre les bouts & extremitez d'icelles, comme il appert par la derniere figure.

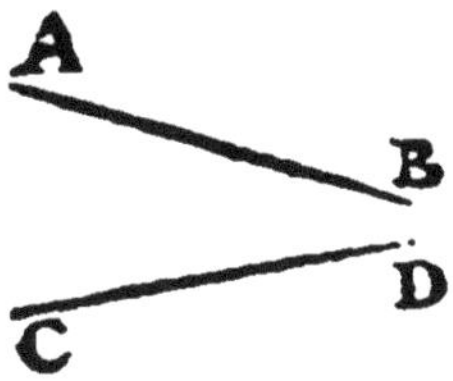

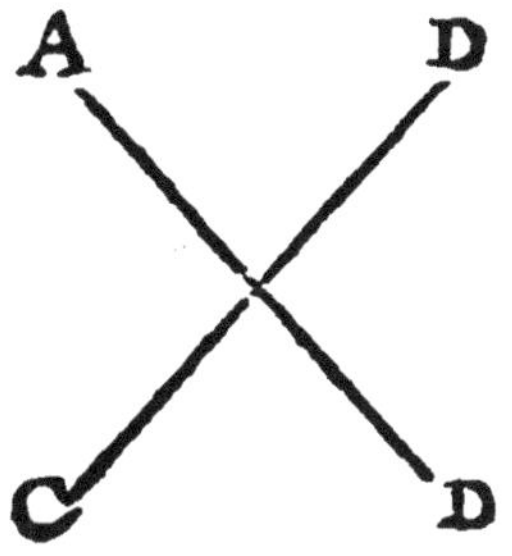

De la ligne oblique. 9

LA ligne oblique n'a qu'vne eſpece en ſoy: mais elle eſt en trois manieres. Car il y a la circonference qui eſt vn tour entier comme A. Et la moindre portion comme B. Et la plus grande, comme C. Et de ces trois portions parlerons cy apres, quand il ſera meſtier de declarer la difference des angles, leſquels on peut creer & conſtituer en icelles.

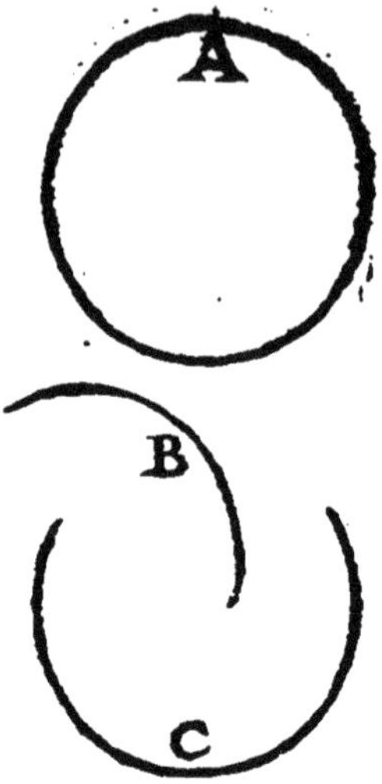

A

B

C

Des Angles. 10

ANgle proprement eſt la concurrence de deux lignes, ſoient pareilles ou diuerſes : iaçoit que le plus ſouuent en Geometrie, on ne fait mention que des angles prouenans & creez par la concurrence & conionction des lignes droictes, comme eſt l'angle ABC. Nonobſtant ſe peut auſſi faire angle, par la conionction de deux lignes obliques, comme ſont les lignes ABC, & DEF : & par la rencontre d'vne ligne droicte,

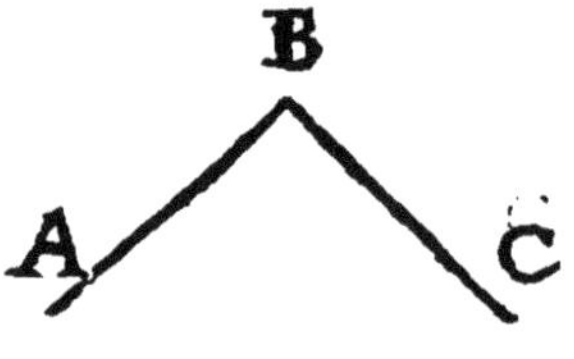

B A C

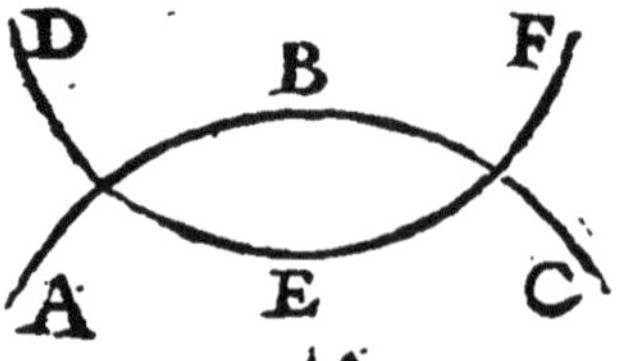

D B F A E C

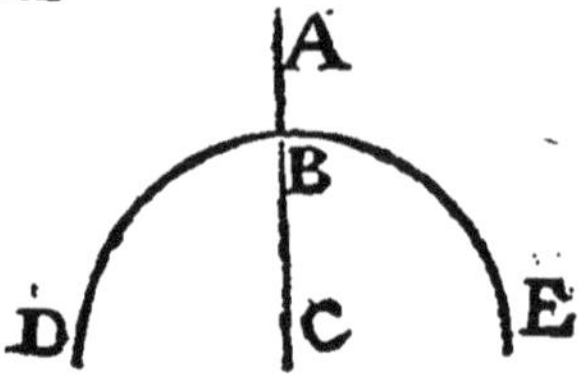

A B D C E

comme ABC: & d'vne ligne oblique, comme D B E.

11 *De l'angle droict.*

L'Angle droict est le plus noble, & principal des angles, & se fait quand vne ligne droicte eschet & repose perpendiculairement sur vne autre ligne droicte, sans soy encliner ne à dextre ne à senestre: comme est la ligne CD, cheant sur la ligne AB: & faisant deux ãgles droicts ACD: & DCB. Et quand vne ligne eschet sur l'autre obliquement, elle fait d'vn costé vn angle obtus plus grand que l'angle droict: & de l'autre costé vn angle agu moindre que l'angle droict, comme fait la ligne C E, cheant obliquement sur ladicte ligne AB. Car l'angle BCE, est obtus, plus grand que le droict: & l'angle ACE, est agu, moindre que le droict angle.

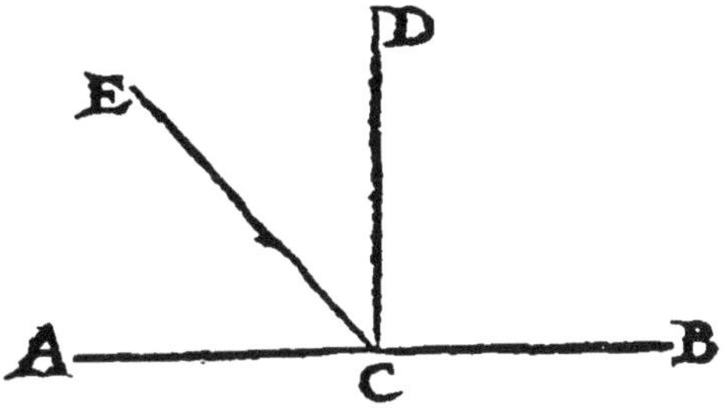

Comment se doit produire & creer vn angle droict. 12

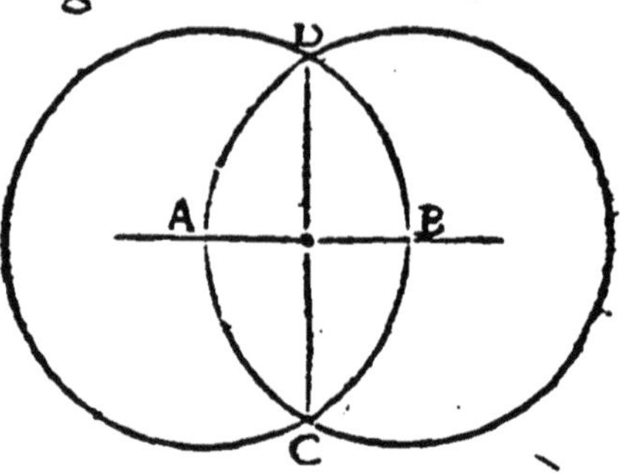

SOit donnee I ligne droicte AB, de quelque longueur que ce soit. Sur les deux poincts & A, & B, ie produis deux cercles, lesquels s'entrecouperont sur deux poincts C, & D. Ie tire la ligne DC, laquelle fera de costé & d'autre sur la ligne assiguee deux angles droicts.

Comment on doit faire deux lignes equidistantes l'vne à l'autre. 13

FAis sur la ligne assignee, cõme sur A B, I ãgle droit, cõme il est dict cy deuant, par la ligne DC. Puis sur la ligne BC, fais encor vn angle droict par la ligne CD. Ie dy que la ligne CD, sera equidistante à la premiere A B. Car se vne mesme ligne est perpendiculaire à deux lignes droictes: il est de necessité qu'elles ſoient enſemble equidiſtantes, & que iamais ne pourront approcher l'vne de l'autre ne faire angle.

14 *Diuiſer vne ligne droicte en tant de parties que l'on voudra.*

POur diuiſer vne ligne droicte en tant de parties eſgales que l'on voudra, Euclide ne les anciens Geometriens, n'en ont faict aucune mẽtion: iaçoit que la choſe ſoit fort neceſſaire, & aſſez facile à trouuer. Soit la ligne aſſignee AB. Ie la vueil diuiſer en cinq parties car il eſt plus difficile de diuiſer vne ligne, ſelon le nombre non per, que ſelon le nombre per. Il eſt trop facile de la diuiſer en deux, par 2. cercles, ſoy entrecoupans ſur elle. Puis eſt auſſi facile la diuiſer en quatre. Ie fay dõcques ſur les 2 bouts d'icelle, comme ſur A, & ſur B, deux angles

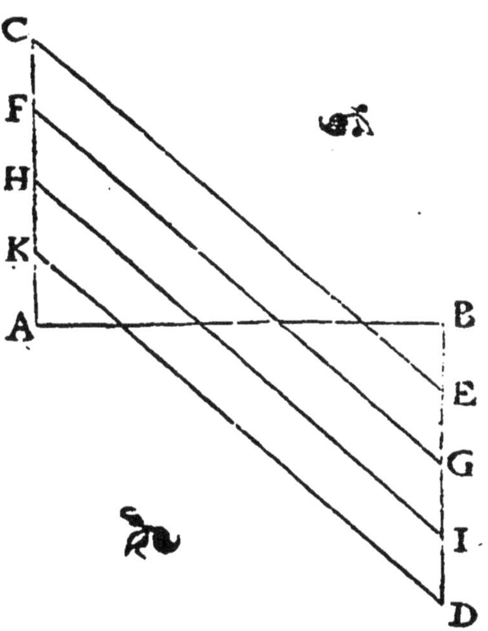

droicts en contraires parties, l'vn en hault C, AB, l'autre en bas ABD : par les deux lignes AC, & BD, ie fay ces deux lignes, c'est a sçauoir AB, & BD, esgales l'vne à l'autre: puis ie diuise chacune d'icelles en quatre parties esgalement. Et par chacune diuision produis quatre lignes diametrales & obliques, CE. F G, HI, & KD. Ie dy que par lesdictes quatre lignes, la premiere AB, sera diuisee esgalement en cinq parties: comme il appert par la figure. Et si tu la veux diuiser en sept parties, il te fault diuiser les deux perpendiculaires AC, & BD, en six parties, & faire comme deuant. Si tu la veux diuiser en trois, il faut partir les deux perpendiculaires chacune en deux, & ainsi des autres.

Du cercle. 15

LE cercle est la plus belle & plus noble figure de toutes les autres superfices: & est fort facile à le descrire, par vn simple tour de compas. Il y a premierement trois choses en vn cercle : le centre , qui est le poinct du milieu, sur lequel repose le pied immobile du compas: la circonference,

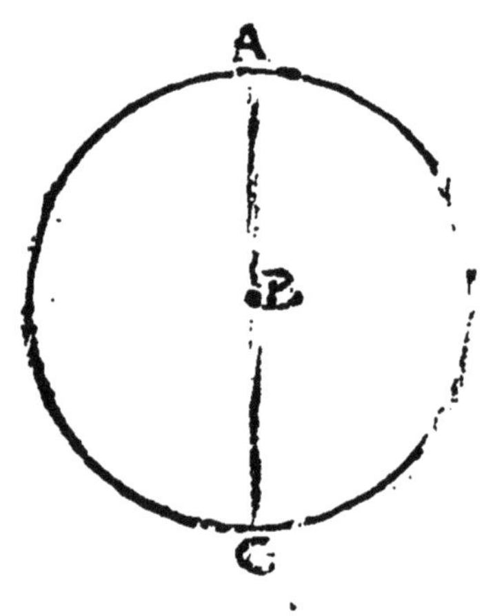

qui eſt le bord, & liſiere dudiƈt cercle, par laquelle paſſe le pied mobile du compas : & le diametre qui eſt vne ligne droiƈte (comme A, B, C,) paſſant le centre du cercle, & le diuiſant eſgalement en deux moitiez ou demis cercles.

15 *Du diametre.*

LE diametre du cercle, eſt la plus grande ligne droiƈte qu'on puiſſe tirer dedans le cercle, paſſant par le centre d'iceluy, & diuiſant lediƈt cercle en deux parties eſgales. Toutes les autres lignes diuiſans le cercle ineſgalement en la grande & moindre portiõ, ne paſſent point par le centre dudiƈt cercle: comme eſt la ligne B, D, laquelle eſt moindre que le diametre A, E, C: & fait deux portions ineſgales, la plus grande B, A, D: & la moindre B, C, D.

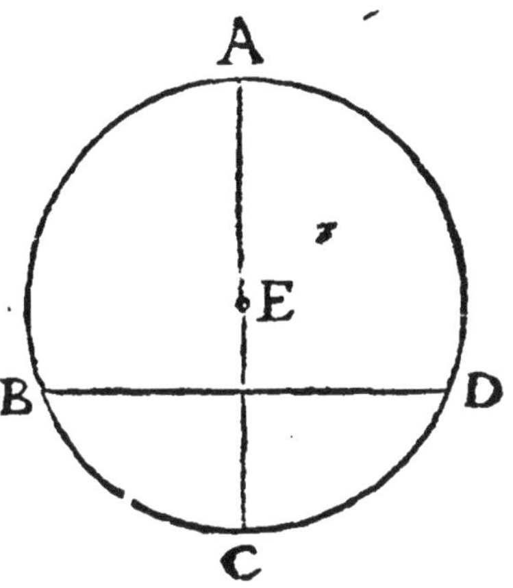

17 *Du ſemidiametre.*

PAr le ſemidiametre du cercle ſe peult toute la circonference eſgalement diuiſer en ſix parties,& le cercle pareillement. Et eſt facile à entendre par le tour du compas. Parquoy eſt auſſi fort facile de creer & deſcrire en tout cercle vn triangle iſopleure & vn hexagone regulier: comme il appert par la preſente figure A B C D E F.

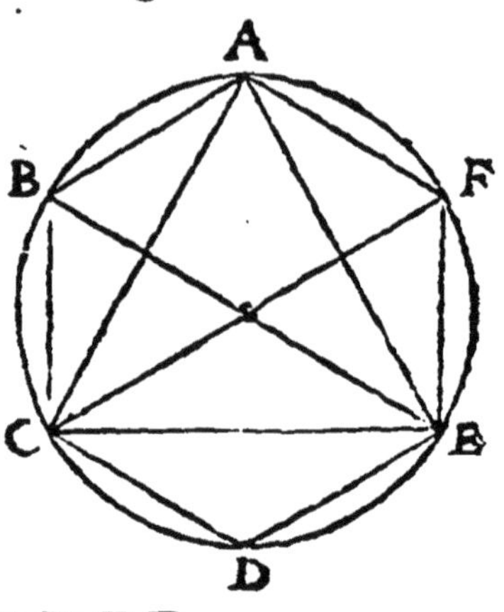

De la circonference. 18

SI on diuiſe tout le diametre du cercle en ſept parties eſgalemẽt,ſelon la meſure de chacune diuiſion,ſe pourra toute la circonference diuiſer en vingt& deux parties eſgales. Parquoy appert cleremẽt que la circonferẽce du cercle eſt bien plus que triple au diametre: iaçoit que la proportiõ ſoit du tout incertaine & incogneue. Car le nombre de vingt & deux, eſt plus que triple au nombre de ſept. Et auſſi tout arc, eſt plus long que ſa corde, quelque petit qu'il ſoit.

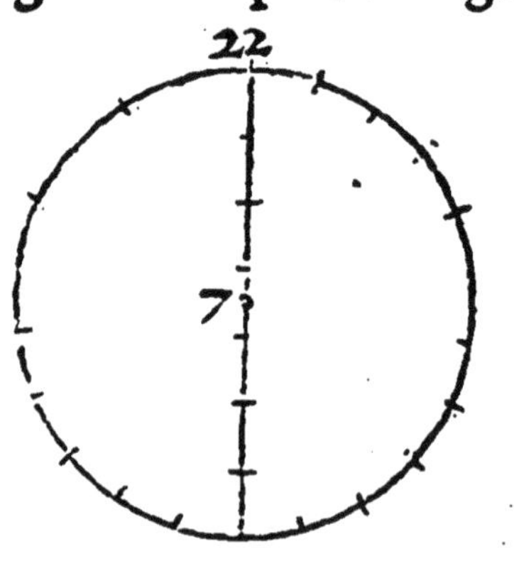

19 *Tout angle consistant sur le diametre du demy cercle iusques à la circonference, est angle droict: & en la plus grande portion, agu: & en la moindre, obtus.*

COMME sont les angles droicts A B C, A D C, & A E C, sur le diametre A C & demy cercle A B C. Mais touts angles produicts en plus grande portion du cercle sont agus, & moindres que l'angle droict: comme est l'angle F B H. Et les angles gisans en la moindre proportion du cercle, comme est l'angle F G H, sont obtus, & plus grands que l'angle droict.

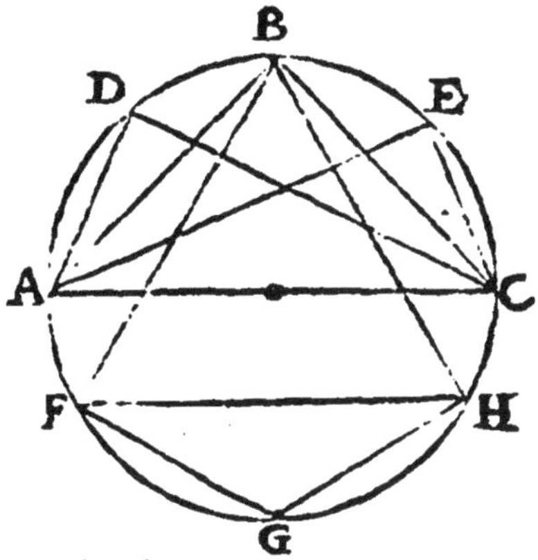

20 *Pour trouuer le centre, ou poinct perdu.*

LES vulgaires & mechaniques appellent le poinct perdu, le centre du cercle, qui est commencé, & n'est poinct parfaict: duquel cercle quand le centre par la faulte du compas est perdu, il le fault retrouuer pour parfaire ledit cercle, car autrement parfaire ne se sçauroit. Soit doncques proposee la portion de la circonfence A B C, de laquelle le centre est perdu. Pour la perfaire & retrouuer le centre, ie produis en elle deux lignes droictes tellement qu'ellement A B. & BC, lesquelles ie diuise chacune par le milieu, & tire deux lignes à droicts angles D E, & F G, soy rencontrans & entrecoupans sur le poinct H. Ie dy que le poinct H, est ie poinct, & le vray centre qu'on demande, pour paracheuer ledict cercle imperfaict.

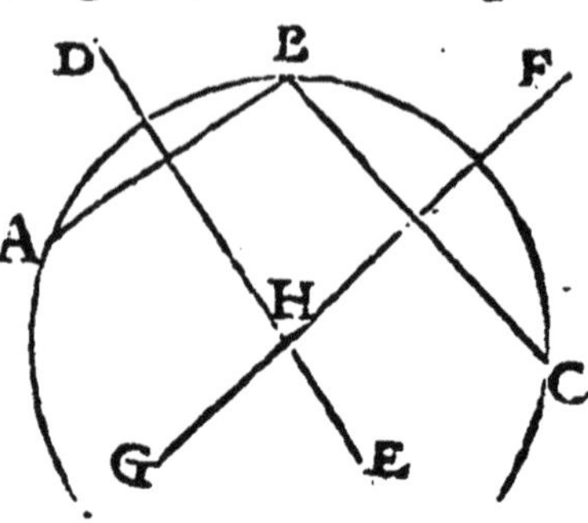

Par trois poincts à l'aduenture donnez & marquez faire passer vne mesme conference. 21

CE semble quasi impossible, ou bien difficile à plusieurs : mais il despend de ce qu'on a dit cy dessus, & se doit declarer par vne mesme figure. Soient à l'aduenture de la poincte du compas donnez trois poincts A, B, C. On veut faire passer vn rond parmy les trois poincts. Ie produicts entre lesdits trois poincts deux lignes droictes A. B, & B, C, lesquelles ie diuise chacune par le milieu, & tire deux lignes comme dessus est dict. Le poinct de la rencontre & intersection desdictes deux lignes, est le centre pour tirer le rond passant parmy les trois poincts assignez. Pose doncques le pied du compas immobile sur ledict centre, & l'autre pied sur le poinct

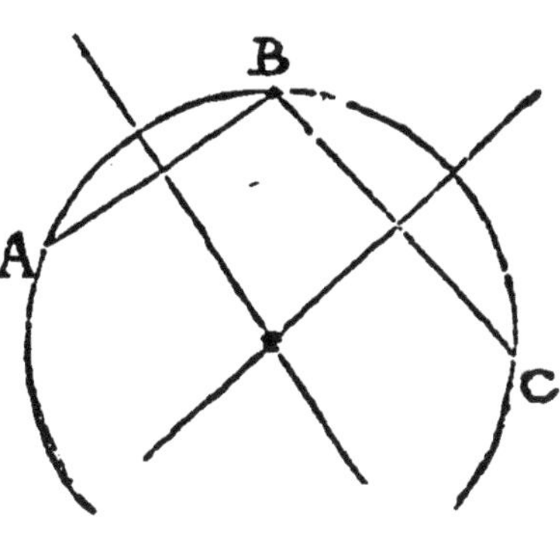

A, puis tourne le rond, tu trouueras ce que tu demandes. Il y a vne exception en ceste reigle, c'est que si les trois poincts assignez & trouuez estoient comprins en mesme ligne droicte, cõme sont A B C les poincts A, B, C, on ne sçauroit faire passer vne circonference par chacune des trois. En tout autre cas faire on le peut, puis que les trois poincts assignez, sont en forme angulaire.

22 *Par trois poincts quelconques, iamais ne peut passer qu'vne seule ligne oblique.*

AINSI que par deux poincts quelconques, ne se peut tirer qu'vne seule ligne droicte: aussi par trois points ne se peult passer fors vne seule ligne oblique. Car toutes lignes obliques & rondes passans sur mesmes poincts, sont cõioinctes en vne mesme ligne. Et si elles sont differen-

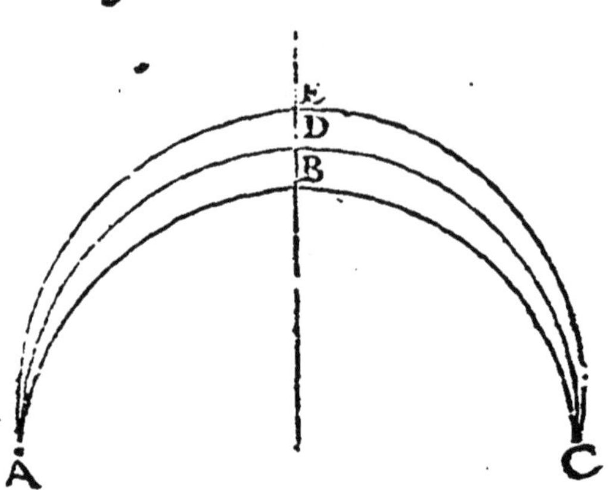

tes, elles passeront par trois & diuers poincts comme sont les rondes lignes A, B, C: A, C, D: A, E, C.

Au tour & à l'enuiron d'vn mesme cercle, on peut, descrire six cercles d'vne mesme equalité, & non plus: lesquels seront ensemble deux à deux, & auec celuy du milieu ioingnans & attouchans en vn seul poinct. 23

Comme il appert en ceste presẽte figure, en laquelle le cercle A, du milieu, contiẽt au tour de soy six cercles de pareille grã-

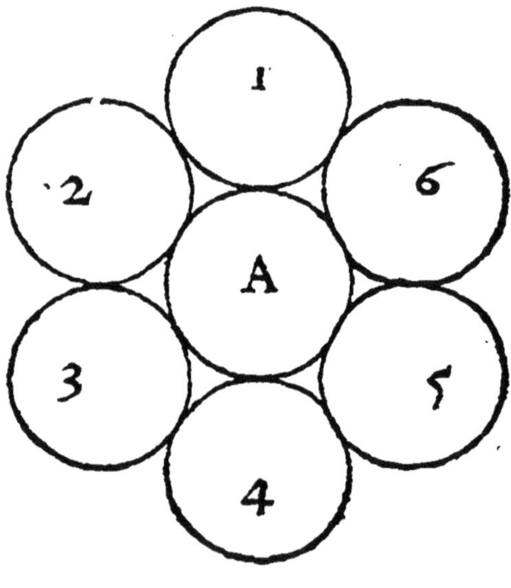

deur &quantité. Et n'y en peut plus auoir, par la qualité du cercle, reiglee & comprinse sur le nombre de six.

24 *Si vne ligne est perpendiculaire sur les bouts du diametre du cercle, elle ne peult couper ne entrer dedans ledict cercle: mais elle passera par dehors, & le touchera sur vn seul poinct.*

COmme il appert clerement en ceste figure: en laquelle sur les poincts extremes du diametre A, B. sont deux perpẽdiculaires, lesquelles produictes en longueur d'vn costé & d'autre, ne peuuent couper ou diuiser le cercle, & entrer dedans iceluy: ains le toucher tant seulement.

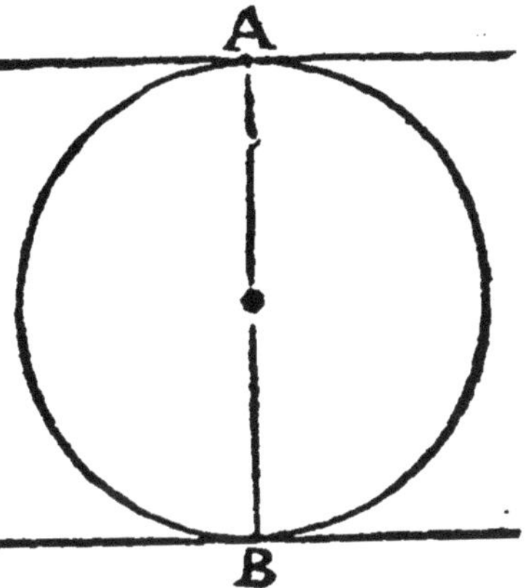

Mais toutes les lignes estans perpendiculaires sur les bouts des lignes moindres que le diametre, se on les prolonge de costé & d'autre, elles entre-

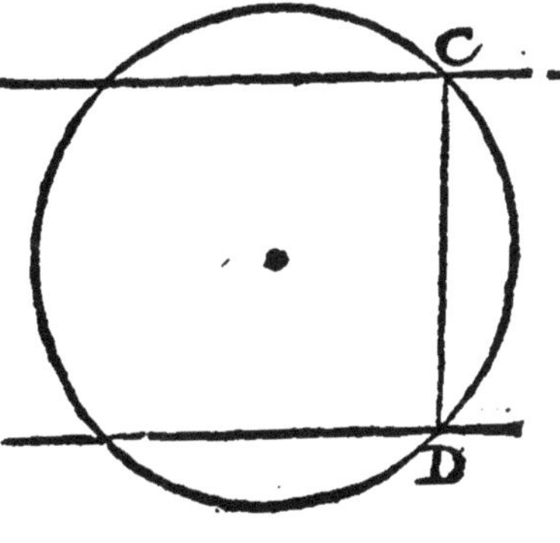

ront dedãs le cercle, & le diuiseront Comme il appert de la ligne C. D, & des lignes perpendiculaires sur les poincts C & D.

Toutes lignes droictes touchans le cercle sur la moindre ligne que le diametre, ne sont equidistantes: mais tendans & inclinees à faire angle. 25

CEcy appert en la presẽte figure, en laquelle sur la ligne AB, moĩdre que le diametre deux lignes droites touchent le cercle: parquoy ne sont equidistantes, mais du costé bas tendans à concurrence, & inclinees à faire angle d'vn costé.

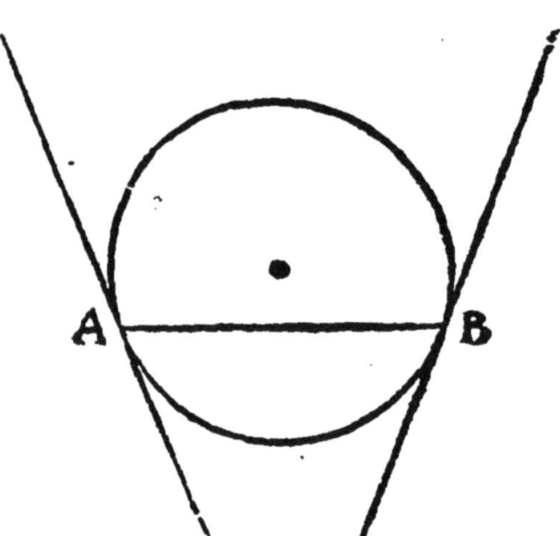

Vne ligne droicte ne peult toucher vn cercle sur deux poincts: mais sur vn seul. 26

C'Est assez euident par tout, & se peult facilement entẽdre par les figures cy deuant descriptes.

7 *Si deux cercles touchent l'vn à l'autre, ce ſera ſur le ſeul poinct: ſur lequel vne meſme droicte ligne vn peult toucher tous deux.*

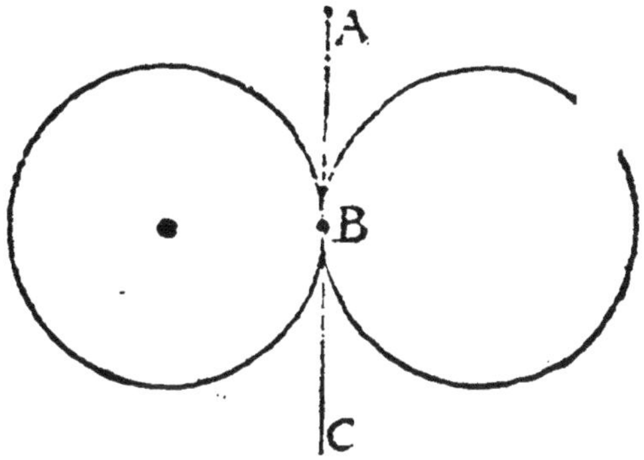

Regarde la preſente figure, & clairement entendras le propos. Car la ligne ABC, touche deux cercles ſur vn meſme poinct, ſur lequel pareillement leſdicts cercles touchent l'vn l'autre, ſans ſoy diuiſer aucunement, & ſans couper ladicte ligne ABC.

8 *Si deux cercles touchent l'vn l'autre, la droicte ligne paſſant le centre des deux, paſſera par le poinct de l'attouchement & ſera perpendiculaire à la droicte ligne touchant les deux cercles.*

En la preſente figure, la ligne droicte ABC, (comme deſſus eſt dict) touche deux

deux cercles sur le poinct B. Et la ligne D B E, passe par les centres desdicts deux cercles. Parquoi ie dy qu'elle passe par le poinct du commun attouchement: c'est à dire, le poinct B, & qu'elle est perpendiculaire sur la ligne A B C. comme il appert à l'œil.

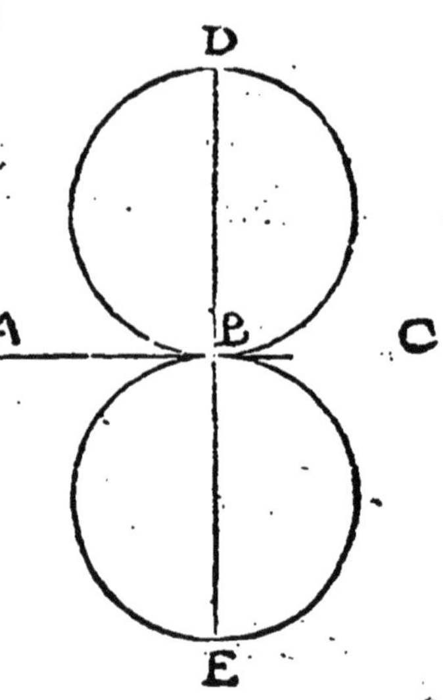

Si vn cercle estant dedans l'autre le touche en quel-
que poinct, il luy est eccentrique: ayant le centre 29
diuers & la ligne droicte, passant par leurs cen-
tres, passera par le poinct du commun attouche-
ment.

EN ceste figure on void le petit cercle estant dedans le grand, & le touchant sur le poinct A Parquoy ie dy qu'ils sont eccentriques, ayans diuers centres, comme B, & C. Car

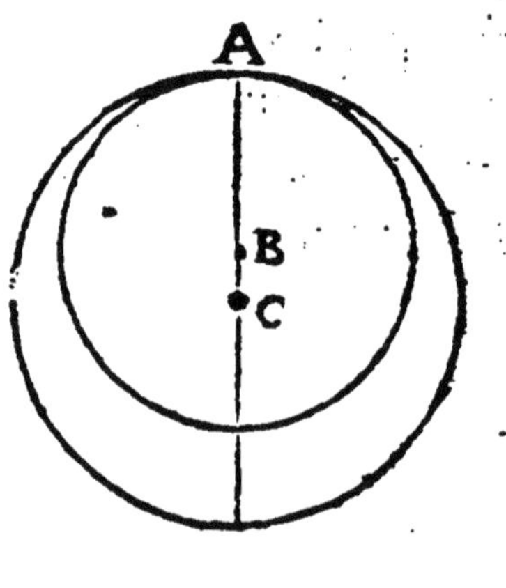

B, eſt le centre du plus petit & C. le centre du plus grãd. Et la ligne droicte A, B, C, paſſe par les 2 centres, & auſſi par le poinct A, ſur lequel ils ſont ioincts & ſe touchent.

30 *Si deux cercles ſont diuiſans l'vn l'autre, la ligne droicte paſſant par leur centres, ſera perpendiculaire à ligne paſſant par les poincts des deux interſections.*

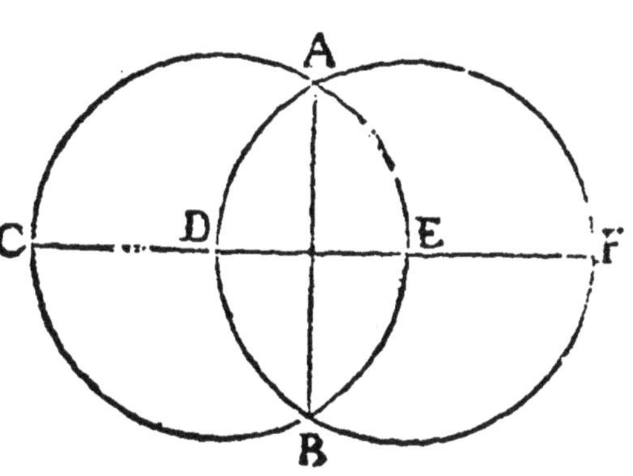

CEſte figure le demonſtre. Car la ligne A, B, paſſant par les interſections A, & B, eſt perpendiculaire à la ligne droicte C, D, E, F, paſſant par les deux centres D, & E. Et eſt ceſte propoſition vraye en tous cercles, tant eſgaulx que ineſgaulx, pourueu que l'vn diuiſe l'autre.

En la comparaiſon de deux cercles, quelle proportion y a du diametre de l'vn au diametre de l'autre: telle proportion y a entre les circonferences. 31

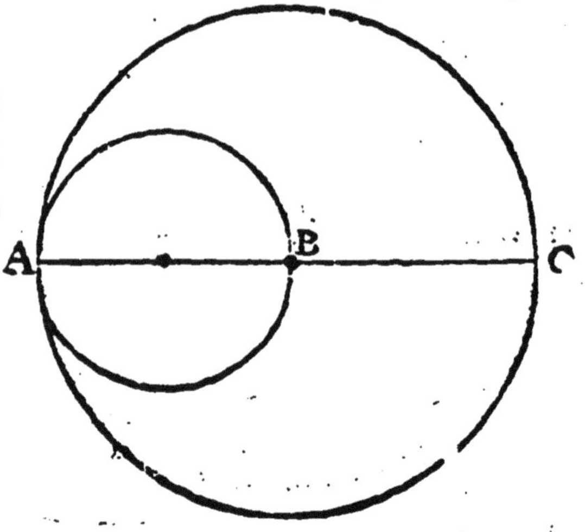

Ceste propoſitiõ eſt belle, & fort vtile en toute la Geometrie, & de facile intelligence. En la preſente figure le diametre du petit cercle A, B, eſt la moitié de la ligne A, B, C, eſtant diametre du grand cercle. Ie dy doncques, que la circonference du petit cercle, à la circonference du grand, eſt en pareille proportion: & que la circonference du grand cercle eſt double à toute la circonference du petit. Et ſi le diametre du grand cercle eſtoit triple au diametre à du petit, auſſi ſeroit la circonference du grand triple la circonference du petit: & ainſi des autres.

32 *L'aire & plaine superfice d'vn cercle, à l'aire & superfice de l'autre cercle, est en double portion à la proportion des diametres & des circonferences.*

Comme si les diametres & les circonferẽces sont en double proportiõ les vns aux autres, ie dy que les aires & capacitez des deux cercles seront en proportion quadruple. Et que le plus grand cõtiendra quatre fois autant que le plus petit. Car la proportion quadruple est double à la double proportion. Et si les diametres & circonferences sont en triple proportion, ie dy que les aires & plattes formes des deux, seront l'vne à l'autre en noncuple proportion. Et contiendra le grand cercle neuf fois autant que le petit: Et ce se peult facilement cognoistre à l'œil, tant par la precedente, que par la presente figure A, B, C, en laquelle le grand cercle eſt quadruple à chacun des petits, à cauſe que le diametre A,B, C, eſt double du diametre A B. ou B,C.

En toute figure d'encyclie, quand pluſieurs cercles 33
ſont les vns dedans les autres concentriques, & de pareille diſtance, la proportion des vns aux autres, eſt continuellement exprimee par nombres quarrez.

ENciclya en Latin, c'eſt quand pluſieurs cercles ſont les vns dedans les autres

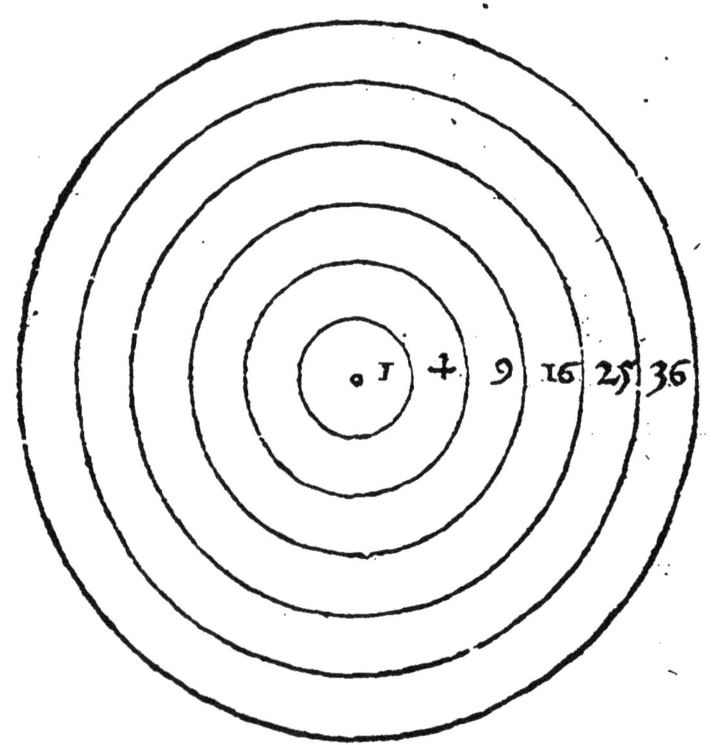

concentriques, & de pareille diſtante comme

ſont au monde les elements & les cieulx. Car toute la ſubſtance de l'vniuerſel monde eſt faicte, & creée de Dieu, en belle forme d'encyclie: car les elements & les cieulx ſont les vns dans les autres concentriquement. Car le centre general de tout le monde, eſt le centre de la terre. Ie dy doncques qu'en ceſte preſente encyclie, en laquelle les cercles ſont de pareille diſtance & de pareille largeur, les cercles ſont les vns aux autres en proportion exprimee par nombres quarrez: c'eſt à dire que le premier qui eſt le plus petit & interieur eſt comme vn, le ſecond comme quatre, le tiers comme neuf, le quart comme ſeize, le quint comme vingtcinq. Et ainſi conſequemment des autres qui eſt choſe digne d'eſtre contemplee & ſçeue. Chacun peut ſçauoir par arithmetique, que c'eſt d'vn nombre quarré, lequel eſt produict d'vn nombre multiplié par ſoy meſme: comme eſt quatre, qui eſt produict par deux fois deux: & neuf produict de trois fois trois. Quatre fois quatre, font ſeize: & cinq fois cinq font vingtcinq. Et ainſi des autres.

Et quand l'encyclie des cercles eſtans l'vn dedans l'autre ſeroit eccentrique (comme il appert en la preſente figure) pourueu qu'ils ſoient en eſgales diſtances, ce ſera tout vn: & ſeront touſiours ſelon leur ordre en proportion des nombres quarrez: ce qui se peult fa-

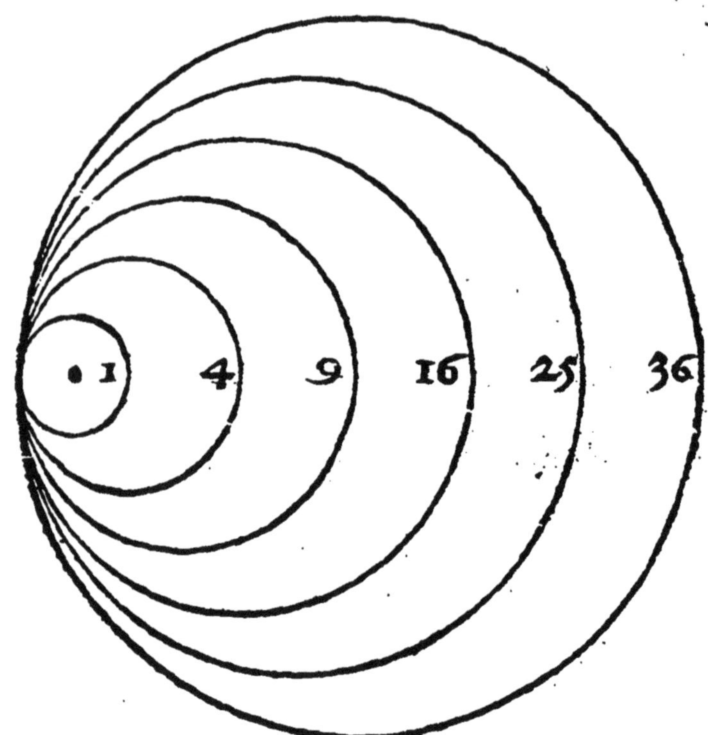

cilement entendre par la proportion des diametres & des circonferences: car les aires des cercles (comme il est dict cy deuant) sont tousiours en double proportion, aux proportions des diametres & des circonferences.

DES FIGVRES ANGVLAIRES.

Chapitre deuxiesme.

1 *Du triangle en general.*

LE triangle a six especes: trois par la differẽce de ses costez, comme isopleure, isoscele, & scalene: & trois par la differẽce de ses angles: c'est à sçauoir orthogone, oxygone, & amblygone.

2 *De l'Isopleure.*

ISopleure est le principal & plus regulier de tous triangles, ayans trois angles & trois costez esgaulx. Parquoy tout isopleure est oxygone, ayant les trois angles agus, comme est le triangle A,B,C.

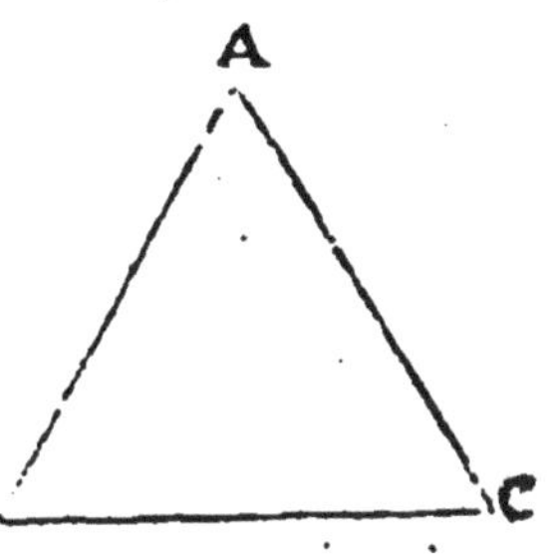

3 *La description de l'isopleure.*

POur descrire vn vray isopleure sur toute ligne droicte assignee, comme sur A,B, faicts sur les poincts A, & B, deux demis cercles selon la quantité de la ligne A,B, & ou ils s'entrecoupperõt (cõme sur le poinct C,) sera le chef de l'angle pour parfaire l'isopleure qu'on demande. Parquoy tire les lignes A, C, & B, C, & sera l'isopleure parfait A, B, C.

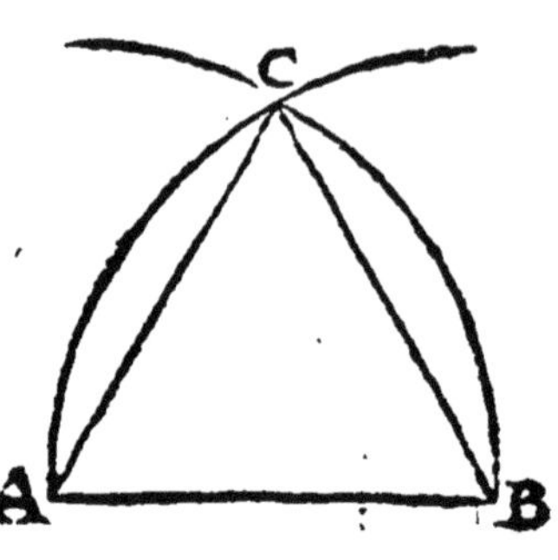

Du centre de l'isopleure. 4

Le centre de l'Isopleure est le poinct du milieu, equidistant des trois angles & des demis costez, comme le point D, en l'isopleure A,B, C. Et comme on a dict du cercle, aussi se peut dire de l'isopleure, & de toute figure angulaire & reguliere: c'est à sçauoir qu'ẽ quelle proportion est le diametre de l'vn au diametre de l'autre, pareille proportiõ y a de la circonferẽce de l'vn à la circonference de l'autre. La cir-

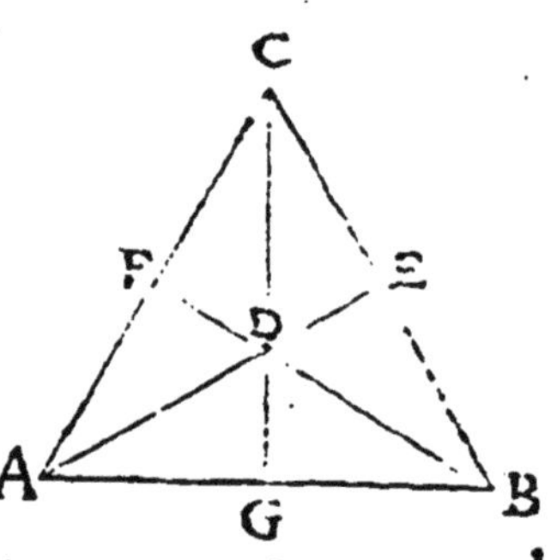

conference de l'iſopleure & de tout triangle, ſont les trois lignes comprenans iceluy. Et le diametre eſt celuy, qui le partit en deux moitiez depuis l'vn des angles iuſques au milieu du coſté oppoſite, comme ſont A, D, E: B, D, F: & C, D, G: leſquelles on appelle communément les cathets du triangle.

5 *En l'encyclie des iſopleures eſtans en pareille diſtance, la proportion des vns aux autres eſt ſelon les nombres quarrez.*

EN la vraye encyclie des iſopleures, & de toutes figures regulieres, aduient com-

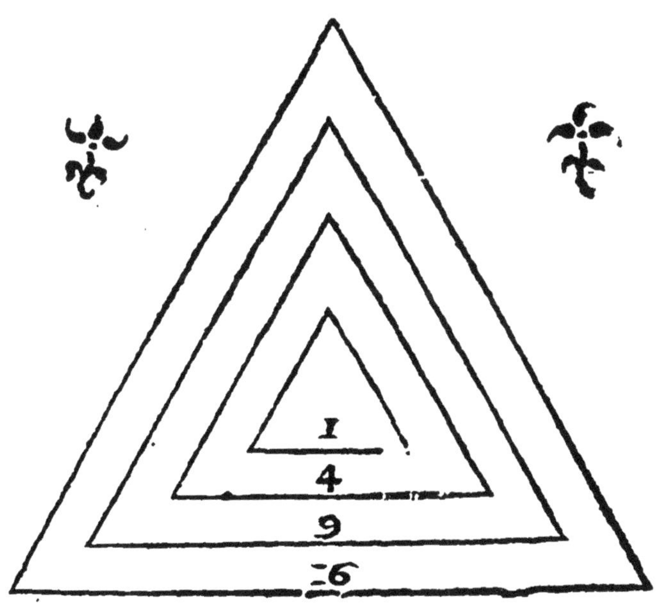

me en l'encyclie des cercles. Et y a toute pareille proportion, comme entre les cercles ſelon les nombres quarrez : comme il appert en ceſte encyclie iſopleurique, en laquelle l'interieur, & plus petit triangle eſt comme vn, le ſecond comme quatre, le tiers comme neuf, & le quatrieſme comme ſeize, &c.

Tout iſopleure ne ſe peut eſgalement diuiſer en 6
petits iſopleures, fors par les nombres quarrez.

CESTE propoſition deſpend de l'autre. Ie dy qu'vn iſopleure ſe peut departir en quatre petits, ou en neuf, ou en ſeize, ou en vingtcinq, ou en trenteſix iſopleures, & non autrement : comme il appert en cet iſopleure : duquel les coſtez ſont partis en quatre. Parquoy tout le grand iſopleure eſt actuellemẽt diuiſé en ſeize iſopleures. Si on diuiſe les coſtez en trois, tout le grand iſopleure ſera departy en neuf & ainſi des autres. Et pareillement peut on

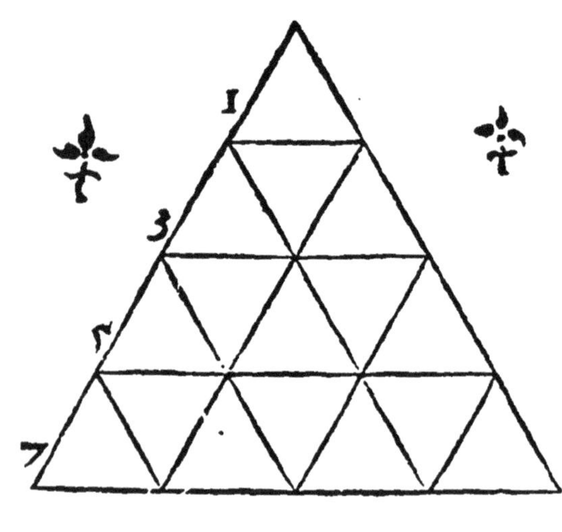

dire de l'augmentation d'vn iſopleure de plus petit en plus grand: car ladicte augmentation ſe fait ſelon les nombres quarrez, produicts & engendrez par la continuelle addition des nombres impers: comme vn, trois, cinq, ſept, neuf, &c.

Des triangles, iſoſcele & ſcalene.

7 ISoſcele & ſcalene ſont triãgles irreguliers. Iſoſcele a deux coſtez eſgaulx, & le tiers plus grand, ou plus petit que les deux: comme eſt le triangle A, B, C, duquel les deux coſtez A, B, & B, C, ſont eſgaulx: mais le tiers A, C, plus grand. Et ſi on prolonge le coſté B, C, vn petit plus lõg que l'autre iuſques au point D, en tirant la ligne AD, on fera vn triangle ſcalene A, B, D, ayant les trois coſtez du tout ineſgaulx. Et de ces deux eſpeces de triangle, à cauſe de leur irregularité, les Geometriens ne font pas grand' mentiõ: parquoy n'en ferons qu'vne propoſition.

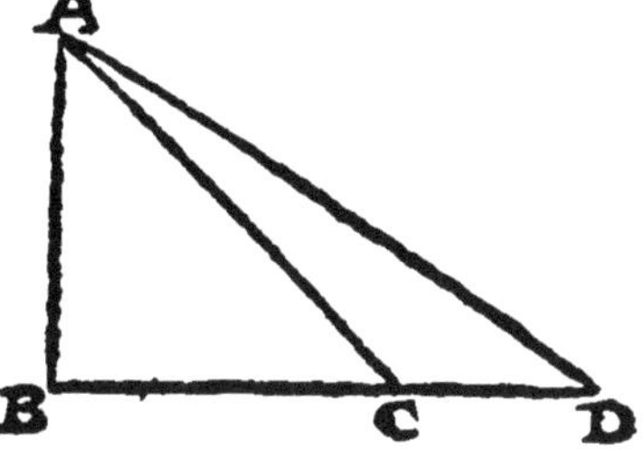

Tous triangles irreguliers de pareille hauteur, & de bases esgales, sont esgaux. 8

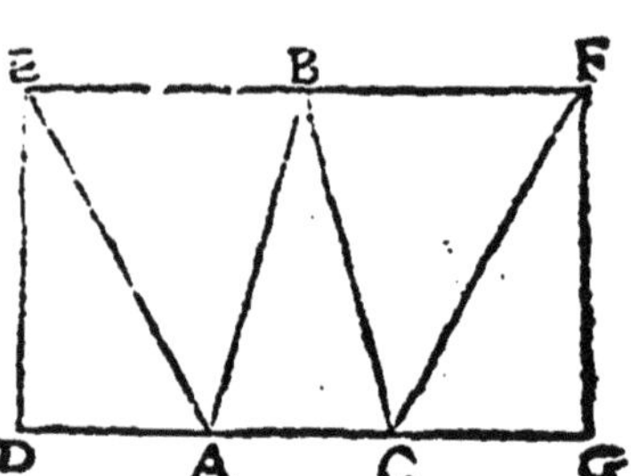

LA base d'vn triangle, est le bas costé opposite à l'angle superieur. Quand deux ou plusieurs triangles sont entre deux lignes equidistantes, ils sont de pareille hauteur: comme appert par la presente figure, en laquelle l'isoscele A, B, C, est esgal aux deux scalenes lateraux, A, E, D, C, F, G: pource qu'ils sōt tous trois d'vne hauteur, & entre lignes equidistantes D, G: & E, F, & de bases esgales qui sont A, C, A, D: & C, G. Et en tous triangles generalement estans d'vne mesme hauteur, en quelle proportion sont leurs bases, en telle & pareille sont les triangles les vns aux autres, ou doubles, ou triples, ou quadruples.

Du triangle orthogone. 9

LE triangle orthogone est celuy qui a vn angle droict, & ne peut iamais estre isopleure: car tout iſopleure a trois angles agus. Mais il peut eſtre iſoſcele & ſcalene, comme icy eſt figuré par le triangle orthogone & iſoſcele A, B, C: en tant que les deux coſtez A, B, & B, C, ſont eſgaux, & l'angle A, B, C, eſt angle droict. Mais le triangle A, B, D, eſt orthogone & ſcalene, ayant les trois coſtez ineſgaux, comme il appert à la meſure.

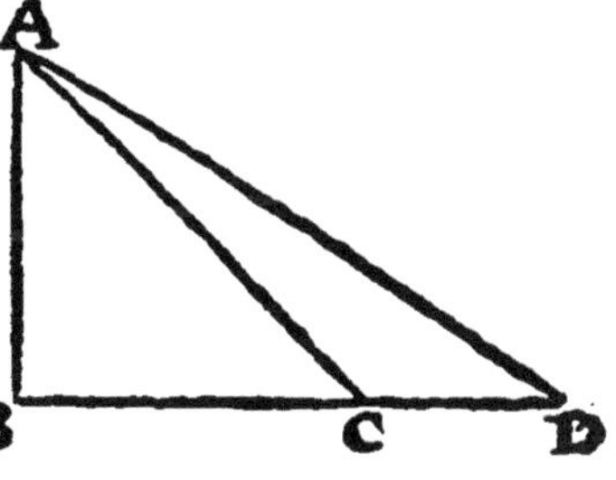

10 *Du triangle amblygone.*

AMblygone eſt tout triangle ayant vn angle obtus, & plus grand que l'angle droict: & peut eſtre iſoſcele & ſcalene, comme eſt le triangle iſoſcele A, B, C, & ſcalene A, B, D: deſquels l'angle qui eſt ſur le poinct, A, eſt obtus, & plus eſtendu que l'angle droict. Iamais vn triangle, ne peut auoir deux angles obtus, pour la cauſe d'vne propoſition qui s'enſuit.

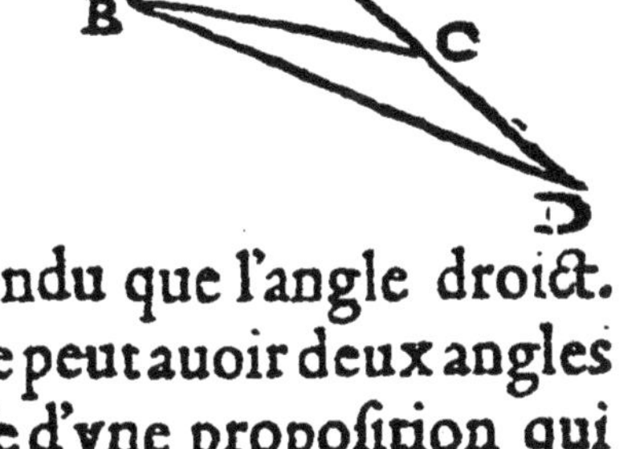

Tous les angles de tous triangles, valent autant que deux angles droicts, & non plus. 11

CE est facile à cognoistre par vn orthogone isoscele, comme est icy figuré A B C, duquel l'angle ABC, est angle droict: & les 2 costez AB, & B, C, esgaux: car en ce cas les deux angles BAC, & BC A, font chacun la moitié d'vn angle droict: parquoy les deux valent autant qu'vn angle droict, & les trois ensemble valent deux angles droicts. Et ainsi est par toutes les especes de triangles, que tous les trois angles ne valent que deux angles droicts.

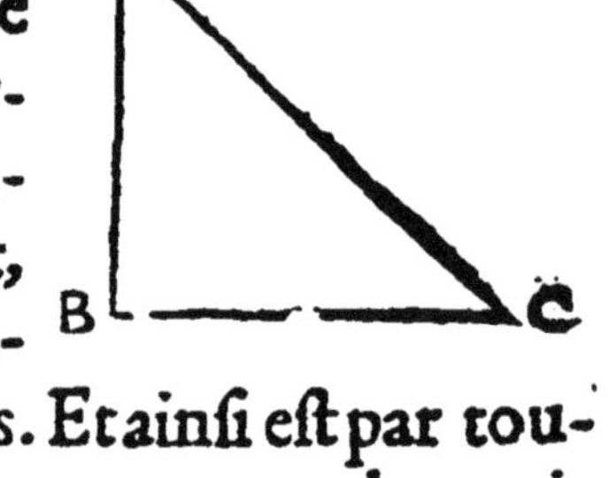

Du quadrangle. 12

LE quadrangle est la figure suyuante apres le triangle, & est en deux especes: car il y a par tout le regulier & irregulier. Le regulier est celuy qui garde sa vraye equalité, comme est le quarré, ayant quatre angles droicts, & quatre costez esgaux. L'irregulier est celuy qui a inequalité ou des costez, ou des angles, ou de tous ensemble, comme dirons apres.

Du vray quarré. 13

POur faire & creer vn vray quarré sur toute ligne assignee, il faut sur ladicte ligne faire deux angles droicts, par deux lignes equidistantes eleuees sur ladicte ligne, comme sont AB, & DC, eleuees sur la ligne proposee AD. Puis faut faire les deux lignes AB, & BC esgales l'vne à l'autre, & à ladicte ligne AD, & produire finalement la ligne BC: & sera le vray quarré parfaict ABCD. Et est par tout assez facile de creer & figurer vn vray quarré.

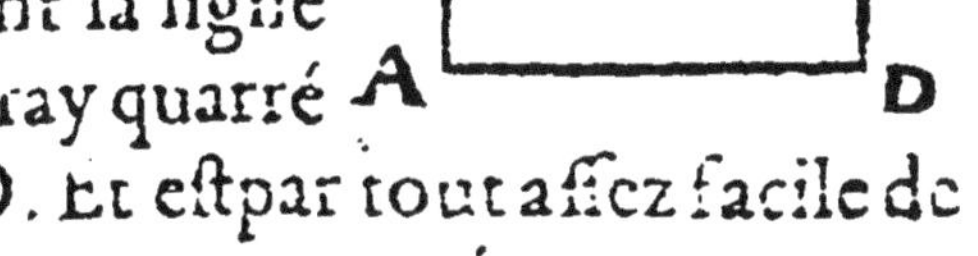

14 *L'angle de l'isopleure à l'angle du vray quarré, est comme trois à deux.*

TOus les ãgles du vray quarré sõt droicts. Ie dy doncques, que l'angle droict à l'angle de l'isopleure, lequel est certain & especial, est comme trois à deux. Et par ce se peut autremẽt & bien facilemẽt descrire vn vray quarré sur la ligne assignee: comme sur AC, ie mets le pied du compas sur A, & sur C, tourne deux portiõs de cercles soy diuisans sur le poinct B, lequel sera chef de l'isopleure A B C. Ie diuise les deux arcs AB, & BC, chacũ en deux moitiez sur

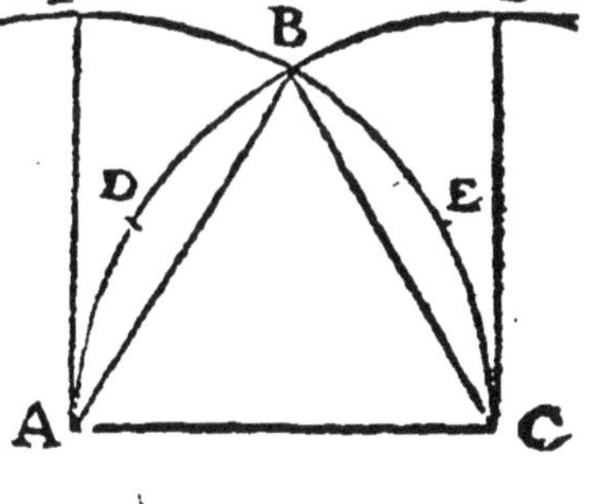

ſur les poinctsDE. Puis ie prés outre le poinct B, deux arcs, chacun contenant autant que la moitié BD, ou BE, iuſques au poinct F, & G, tellement que les arcs ADBG, & CEBF, ſeront chacun de trois parties eſgales, dont les deux comprennent l'angle de l'iſopleure ABC. Ie produy apres les lignes AF, & CG, leſquelles feront deux angles droicts ſur la ligne AC: & leſdicts angles droicts ſeront chacun à l'angle de l'iſopleure, comme trois à deux: car chacun d'eux comprend trois arcs, dont l'angle de l'iſopleure n'en comprend deux. 15

Deux diametres d'vn vray quarré ſe diuiſent ſur le centre dudict quarré en quatre angles droicts.

Comme il appert au quarré ABCD, auquel les deux diametres ſe diuiſent ſur le centre E, en quatres angles droicts. Parquoy auſſi appert que toute eſpace ſuperficiel eſtant comprins enuirõ vn poinct, contient autant, & non plus que quatre angles droicts.

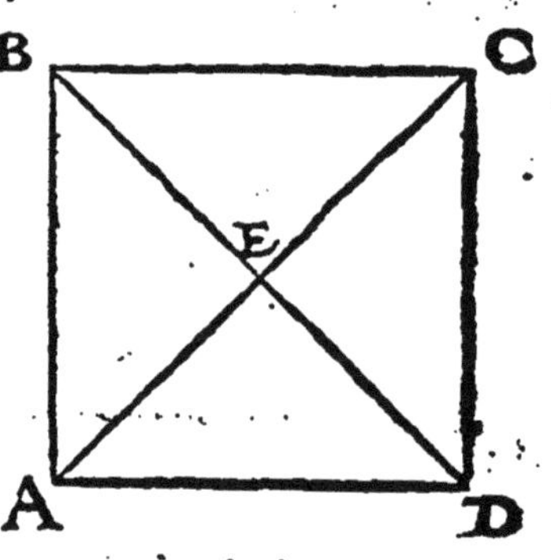

16 *En tout triangle orthogone ayant un angle droict le vray quarré du costé opposite à l'angle droict, est esgal aux deux quarrez des autres deux costez.*

COmme il est clairement apparent en ceste figure: en laquelle il y a vn triangle orthogone A B C, duquel l'angle droict est A B C, & le costé A C, est opposite audict angle droict. Parquoy ie dy, que le quarré dudict costé A C, c'est à sçauoir A D E C, est

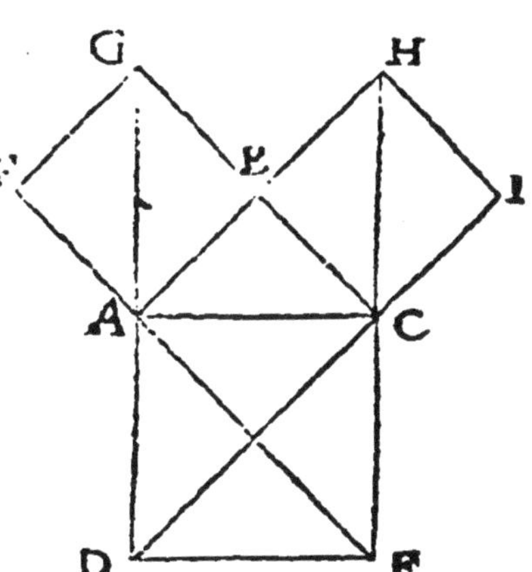

esgal & pareil aux deux quarrez A F G B, & C B H I, comprins ensemble: & vaut autant que les deux. Et ce facilement appert par la resolution desdicts trois quarrez en triangles, par leurs diametres. Ceste proposition, comme l'on dict, fut trouuee par Pythagoras: qui en fut si ioyeux, que pour l'inuention d'icelle, il en sacrifia cent bœufs, & fit le sacrifice qu'on dict en Grec, Hecatombe.

17 *Tout vray quarré se peut resoudre en diuers quarrez selon vn nombre quarré, & non autrement.*

IL aduient ainsi des quarrez, qu'auons dict des isopleures: desquels les diuisiõs & augmentations se font selon les nombres quarrez, comme en quatre, en neuf, en seize, & ainſi des autres. Le preſẽt quarré AB CD, eſt reſoult & diuiſé en neuf petits quarrez. Qui veut, on le peut diuiſer en ſeize, ou en vingtcinq. Et pareillement augmenter de plus grãd, en plus grand, ſelon les nombres quarrez, qui en toute l'Arithmetique ſont de grande perfection, comme chacun ſçait qui les cognoit.

Vn vray quarré par l'addition & circompoſition d'vn gnomo (c'eſt à dire d'vn rectangle, ou eſquierre) demeure touſiours en ſon vray quarré. 18

COmme en Arithmetique par l'addition des nombres impairs a l'vnité, ſe font touſiours les nombres pairs: auſſi aduient il en Geometrie. Car les gnomes des vrais quarrez, ſont comme les nombres impairs. Telle eſt ceſte figure A B C D E, laquelle circompoſee à vn vray quarré, ne changera la nature quarree. Si dõcques

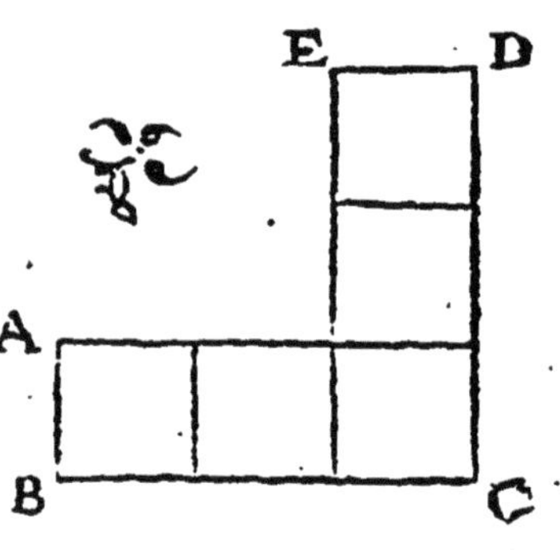

au tour d'vn quarré on y en adiouſte trois en forme de gnomo, viẽdra vn quarré cõme quatre, cõtenãt quatre petits quarrez. Si on y en

circompose cinq, suruiēdra vn quarre ayant neuf petits quarrez de pareille quantité : & ainsi peut on dire des autres.

19 *Du quadrangle nommé rectangle longuet.*

Le rectāgle longuet est vn quadrangle irregulier, d'vn costé plus long que d'autre iaçoit qu'il ayt les quatre angles droicts, comme vn vray quarré, car il n'est irregulier que sur l'inequalité des costez : cōme est ABCD, duquel les angles sont droicts : mais les deux costez A D, & B C, sont plus longs que les deux autres AB, & CD. Et par ainsi tout quadrangle orthogone n'est pas vray & parfaict quarré.

20 *Tous quadrangles non quarrez, ayans les bases esgales, & estans de pareille haulteur entre deux lignes equidistances sont esgaux.*

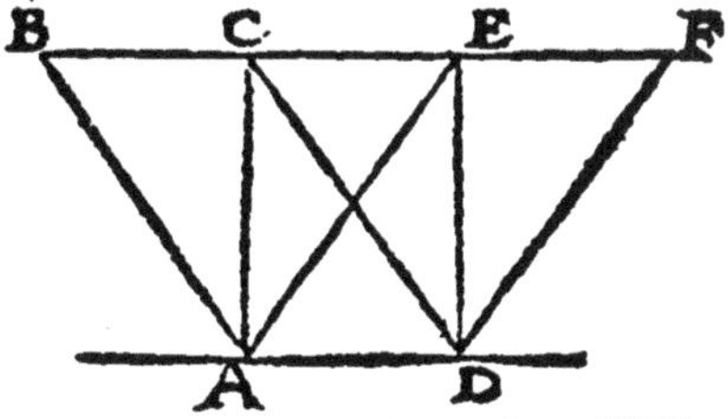

Ceste reigle a esté mise aux triāgles isosceles, non isopleures, & s'entend pareillemēt des quadrangles non quarrez, comme on void en ceste figure les trois quadrangles ABCD:

ACED:& AEFD, lesquels sont tous trois sur vne mesme base A D, & de pareille haulteur entre deux lignes equidistantes AD, & BF. parquoy tous trois sont esgaux l'vn à l'autre, & ainsi des autres.

21

Pour reduire vn quadrangle ou rectangle longuet à son vray quarré.

LES Alemans ont accoustumé de boire & manger sur tables quarrees, & les Fran-

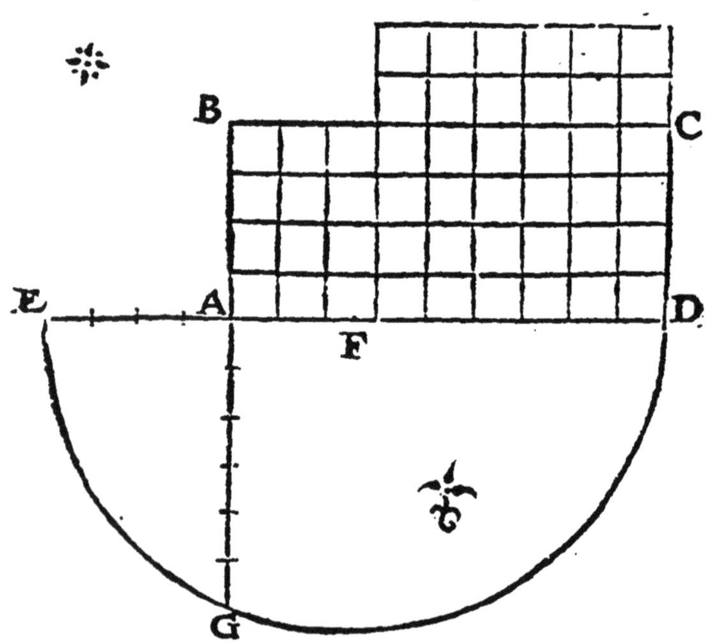

çois sur tables plus longues d'vn costé que d'autre. Il est doncques propos de reduire la table Françoise à la table d'Alemaigne, & reduire tout quadrangle & rectangle longuet à son vray quarré. Soit donné vn quadrangle longuet ABCD: duquel les deux costez AB, & CD, soient comme quatre, & les deux autres AD, & BC, comme neuf. I'adiouste les deux diuers costez ensemble: & en fay vne ligne droicte FD, laquelle vaudra autant que treize, faicte de neuf & de quatre. Ie diuise ladicte ligne ED, par la moitié sur le poinct F: & sur le poinct A, de la commune adióction, ie produy en bas vne perpendiculaire AG, si longue que ie veux. Puis sur le poinct F, selon la quantité des lignes esgales FE, & FD, ie fay vn demy cercle EDG: & ou diuisera & rencontrera ladicte perpendiculaire, ie note le poinct G. Ie dy que AG, sera le costé du vray quarré qu'on demande: lequel sera esgal au premier quadrangle longuet A B C D: & aura d'vn costé & d'autre six parties, telles que le premier quadrangle longuet en auoit d'vn costé quatre, & de l'autre neuf. Et quatre fois neuf font trentesix, tout ainsi comme font six fois six.

22 *En tous vrais quarrez quelle proportion y a des diametres ensemble, telle y a des circonferences les vnes aux autres: mais les aires sont en double proportion.*

CEste reigle est generale en tous cercles, & en toutes figures angulaires regulie-

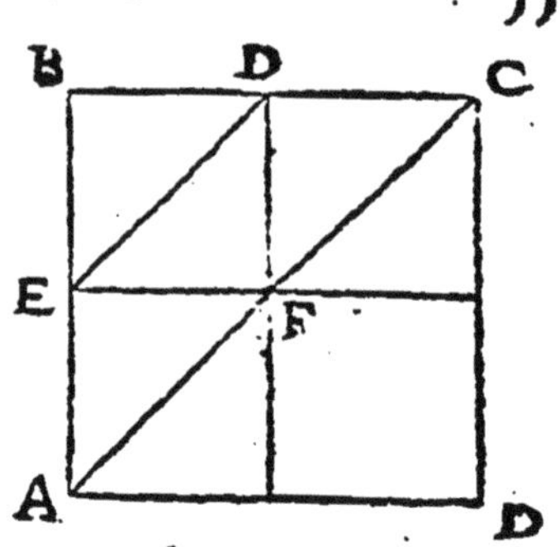

res. comme auons dict cy deuant : ce qui appert clairement en la presente figure, en laquelle le grand quarré ABCD, est en proportion quadruple au petit quarré E B DF: les costez du grand sont doubles aux costez du petit, & le diametre du grand aussi double au diametre du petit, comme AC, double à la ligne E D, & ainsi aduient il par tout.

Le vray quarré du diametre est double en quarré de l'vn des costez. 23

COmme appert en ceste figure, en laquelle le grand quarré EFGH, est double au petit quarré A BC D. Car le grand est le vray quarré du diametre du petit cõme de la ligne AC, ou DB: & le petit est le quarré de l'vn des costez. Le grand quarré est comme huict, le petit comme quatre: ainsi par la resolution des triangles il est euident.

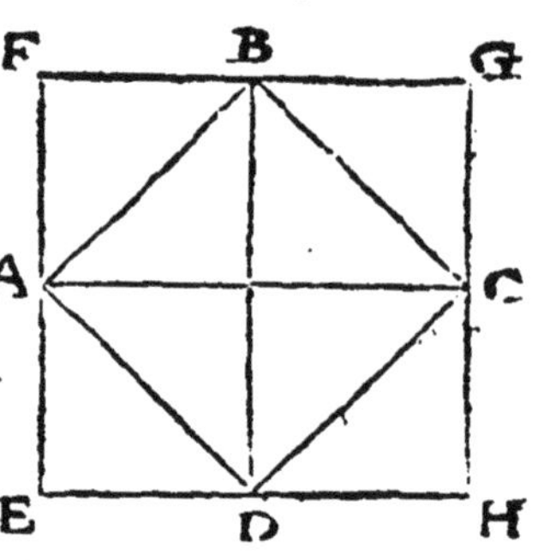

24 *Le diametre de tout vray quarré, eſt incommenſurable à ſon coſté.*

CEſte propoſition deſpend de l'autre. Car puis que le quarré du diametre eſt double au quarré de l'vn des coſtez, il ſ'enſuit que le diametre eſt incommenſurable au coſté. C'eſt ~dire, que de l'vn à l'autre n'y a proportion numerable, comme d'vn nombre à l'autre. Car en quelles & quantes parties qu'on diuiſe le diametre, iamais en pareilles & ſemblables parties ne ſçauroit le coſté eſtre diuiſé: pource qu'en Arithmetique iamais vn nombre quarré ne peut eſtre double à l'autre. Et qui d'vn nombre quarré veut faire vn plus grand quarré, il faut multiplier le petit quarré par vn nombre quarré, comme quatre par quatre, ou par neuf, ou par ſeize: & il ſuruiendra vn nombre quarré. Et ainſi ſe fait en Geometrie comme en Arithmetique: car de deux quarrez ne ſe fera iamais vn quarré, ne de trois, ne par quelque autre nombre non quarré: comme aſſez auons cy deſſus figuré & demonſtré.

Du rhombe. 25

LE rhombe eſt vn quadrangle irregulier, ayant ſeulement quatre coſtez eſgaux,

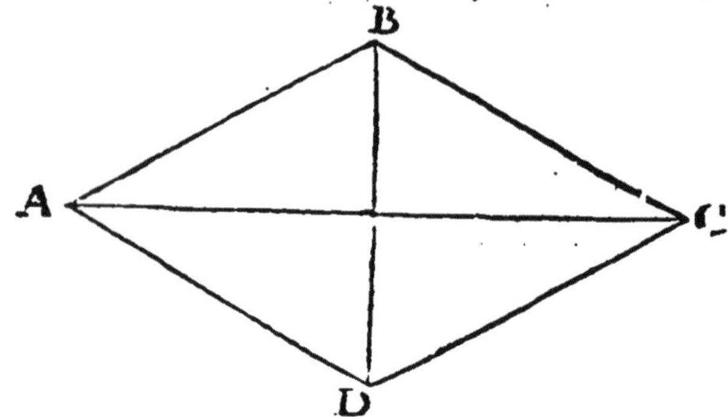

mais non pas les angles. Les vulgaires l'appellent vne lozenge, comme eſt icy ABCD: duquel les quatre coſtez ſont eſgaux, mais les deux angles ABC, & C D A, ſont obtus, & & les deux autres DAB, & B C D, ſont agus. Et les diametres A C, & B D, ne ſont eſgaux, comme ils ſont en vn vray quarré.

Vn rhombe eſt compoſé de deux iſopleures. 26

COmme on void en la figure precedente A B C D, en laquelle y a deux iſopleures A B D, & BCD, & d'autre ſens y a deux triãgles amblygones A B C, & A D C, deſquels les angles obtus ſont vrais angles hexagoniques, & doubles aux angles de l'iſopleure.

Du rhomboide.

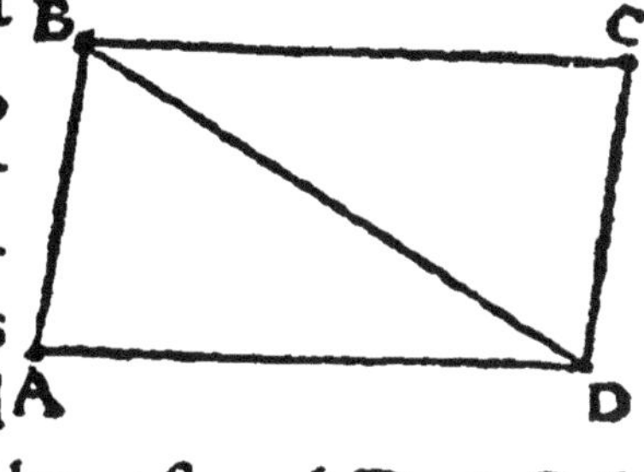

RHomboide est vn quadrangle, ressemblát au rhombe, mais il n'a les costez esgaux, n'aussi les angles, cóme on void icy A B C D, duquel les costez, A D, & B C, sont plus longs que les costez, A B, & C D. Auquel si on produit le diametre B D; sera le Rhomboide resoult en deux triangles sca-
28 lenes.

Du quadrangle irregulier, nommé trapeze.

IL y a encore vne espece de quadrangle fort irreguliere, laquelle par les Grecs est nómee trapeze. Et est comme la figure A B C D, ou autrement, ainsi qu'on le voudra peindre & figurer. Car vne chose irregulierre est variable & volontaire, & se peut en diuerses manieres representer. Et à cause de l'irregularité de ladicte figure n'en ferons longue mention. Il est seulement

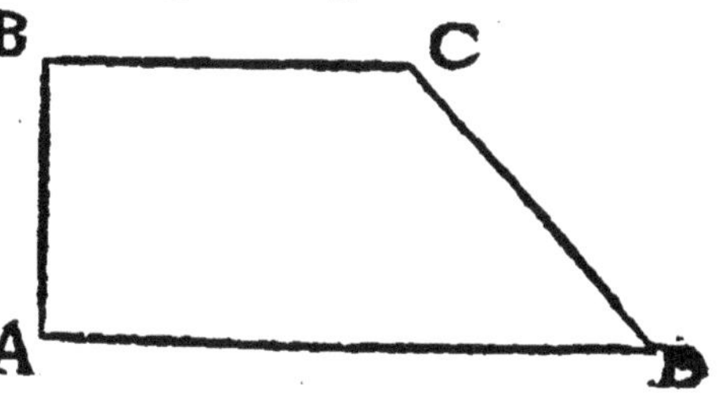

à noter en toute eſpece de quadrangle, ſoit regulier ou irregulier, que tous les quattre angles, enſemble, de quelque ſorte qu'ils ſoient valent autant & non plus que quatre angles droicts.

Du pentagone irregulier. 2

LE pentagone irregulier eſt en pluſieurs ſortes: mais icy ferons mētion ſeulemēt du plus certain, lequel eſt fait & cōpoſé d'vn vray quarré, ſur lequel repoſe & eſt aſſis vn iſopleure: comme eſt la figure A B C D E, en laquelle ſur le quarré A B D E, eſt aſſis l'iſopleure: B C D, faiſant le pentagone irregulier, reſſemblant à la figure d'vne maiſon. Il eſt irregulier pour cauſe, que iaçoit qu'il ait les cinq coſtez eſgaux, il a les angles difformes: car il y en a deux droicts, B A E, & D E A: deux obtus, A B C, & C D E, & vn agu, B C D. Il y a autres pentagones irreguliers, ayans les coſtez & les angles ineſgaux. Mais d'iceux, à cauſe de la grande irregularité, ne s'en fait long ſermon.

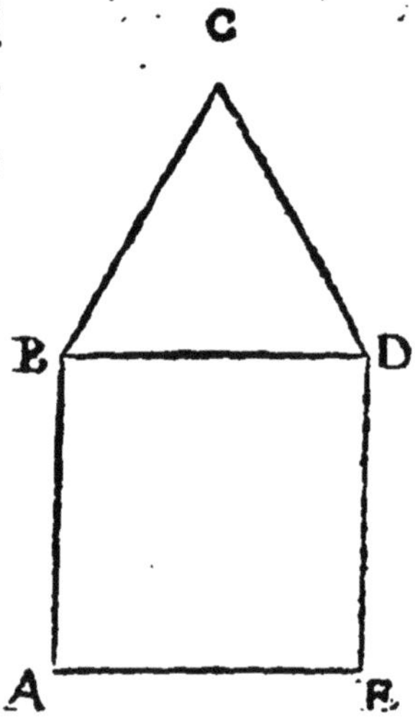

30 *Du pentagone regulier.*

LE pentagone regulier eſt beaucoup plus fort à figurer que l'irregulier: mais il ſe peut trouuer par le moyen de l'irregulier: & auſſi par pluſieurs autres moyens, à preſent incogneuz: comme par la diuiſion de l'angle droict, ou de ſon arc en cinq parties eſgales, & adiouſter vne quinte. Car on fera l'angle du pentagone regulier, lequel eſt à l'angle droict ſeſquiquint, ou comme ſix à cinq, ainſi que l'angle droict à l'angle de l'iſopleure eſt ſesqualter, c'eſt à dire, comme trois à deux, ou ſix à quatre.

31 *Sur la ligne aſsignee, il faut creer & figurer vn pentagone regulier.*

SOit la ligne aſſignee AB, ſelon la quantité d'elle, ie tourne 2. arcs A C D, & B C E, ſi longs que ie

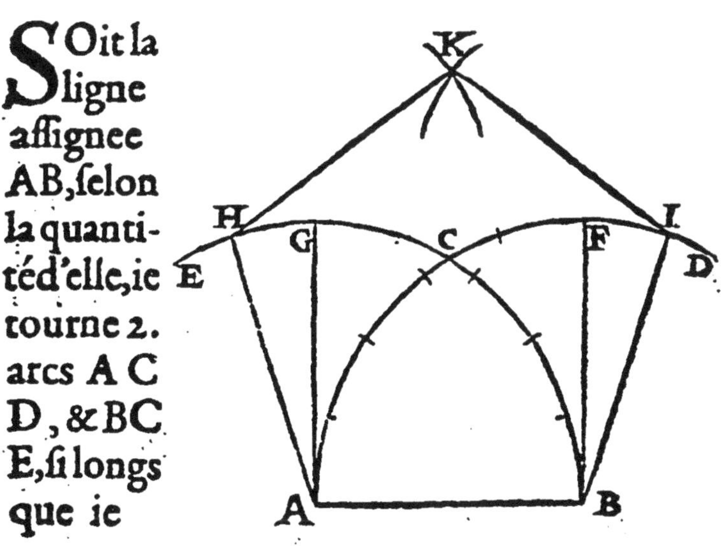

voudray. Lesquels se diuiseront sur le poinct C, qui sera chef de l'isopleure, estant sur la ligne AB, & sera l'isopleure ABC. Ie fay consequemmẽt sur ladicte ligne AB, deux angles droicts ABF, & BAG, par deux perpendiculaires AG, & BF. Les deux arcs doncques B BCG, & ACF, sont les arcs de l'angle droict: qui seront aux arcs de l'isopleure, comme trois à deux. Ie diuise puis apres les deux arcs BCG, & ACF, chacun en cinq parties esgales & y adiouste à chacun vne quinte par dessus, comme GH, & FI, & produy les lignes AH, & BI. Ie dy que les deux angles BAH, & AB I, sont les vrays angles du pentagone regulier lequel on voudra faire sur la ligne AB : & seront lesdicts deux angles aux angles droicts, cõme six à cinq. Et pour paracheuer le pentagone, selon la quantité de la ligne AB, de rechef sur les poincts H, & I, ie tourne deux arcs de cercle: desquels l'intersection (comme le poinct K) sera chef du pentagone. Ie produis doncques les lignes HK, & KI, pour faire le pentagone proposé AHKIB, vray & regulier en toutes manieres.

L'angle especial du pentagone regulier, est à l'angle 32
du quarré, c'est à dire à l'angle
droict, comme six à cinq.

CESTE proposition despend de ce qu'on a dict cy deuant. Ie fay vn angle droict AB

C, ſur la ligne BC: ſi on diuiſe l'arc ADEC, en trois, l'arc DEC, ſera l'angle de l'iſopleure. Et ſi on diuiſe ledict arc ou ſon pareil en cinq parties (cõme auons fait) & on adiouſte audit

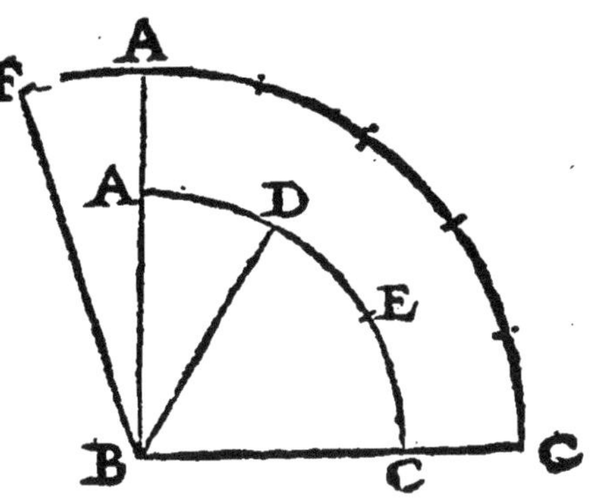

arc vne quinte par deſſus: lors ſera de ſix quintes le vray & eſpecial angle du pentagone regulier, comme eſt l'angle FBC, eſtant à l'angle droict ſeſquiquint, c'eſt à dite cõme ſix à cinq. Et quand on ſçait faire l'angle eſpecial de chacune figure reguliere ſur la ligne aſſignee, il eſt facile de parfaire ladite figure, de laquelle l'angle eſt trouué & parfaict.

33 *Par l'angle du pentagone aſſigné, parfaire le pentagone.*

SOit l'angle du vray pentagone aſſigné & trouué comme il eſt dict cy deuant ABC & la ligne AB, eſgale à la ligne BC: ie diuiſe chacun coſté AB, & BC, en deux moitiez ſur les poincts D, & E, deſſus leſquels ie fay deux perpendiculaires DF, & EG, leſquelles ſe diuiſeront ſur le poinct H: lequel ie dy eſtre le vray cẽtre du pentagone qu'on demãde, parquoy mets le pied du compas deſſus ledict

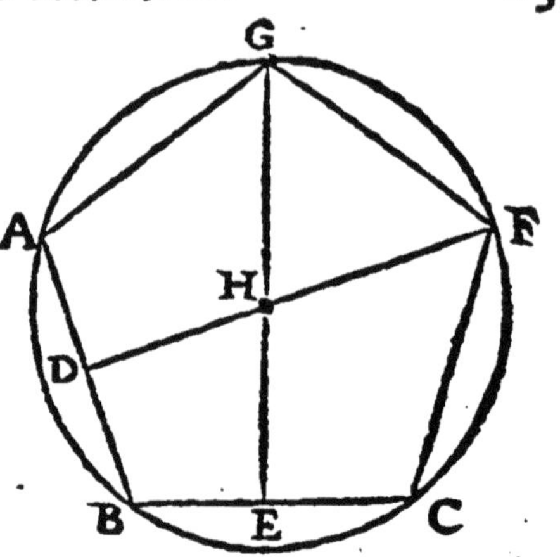

poinct H, & tourne le rond selon la quantité & ouuerture des lignes ou longueurs H A, H B, & H C: & tu auras le cercle dedans lequel parferas facilement le pentagone qu'ō demande, selon les mesures des lignes A B, & B C, proposees.

Le diametre de tout regulier pentagone, est la ligne droicte venant du chef ou pignon du pentagone, & seant sur la base perpendiculairement, & la diuisant en deux moitiez. 34

COmme au precedent pentagone, est la ligne G E, perpendiculairement sur la base B C, diuisant icelle en deux & passant par le centre dudict pentagone, comme par le poinct H.

Si sur la base d'vn vray pentagone on produit deux lignes droictes iusques au poinct de l'angle opposite, il fera vn triangle isoscele: duquel les angles de la base seront doubles à l'angle superieur. 35

COmme si au present pentagone A B C D E, on produit deux lignes A C, & E C: ie dy que le triangle isoscele A C E, aura les deux angles inferieurs C A E: & A E C, doubles à l'ãgle superieur ACE. Ce qui appert clerement, si on produit les deux lignes AD, & EB, lesquelles partiront chacun desdicts angles, en deux: chacune des moitiez, sera pareille audict angle superieur ACE.

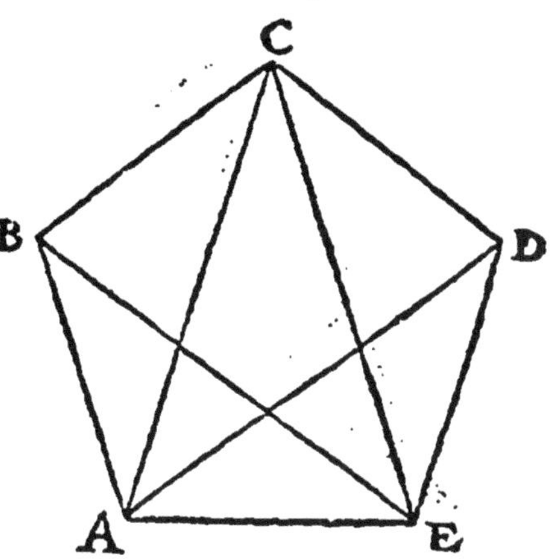

36 *Si soubs l'angle du pentagone on produict une base: ledict angle du pentagone sera triple à chacun angle de la base.*

CEc y appert clairement en la figure precedente, ou langle EAB, est triple à chacun des deux angles AEB, & EBA. Et aussi bien appert en la presente figure: en laquelle l'angle ABC, (qui est l'angle du vray pentagone) est triple aux deux angles de la base AC, c'est à sçauoir BAC, BCA. Car par les deux lignes BD, & BE, ledict angle ABC, est party ou diuisé en trois angles ABD, DBE, & EBC,

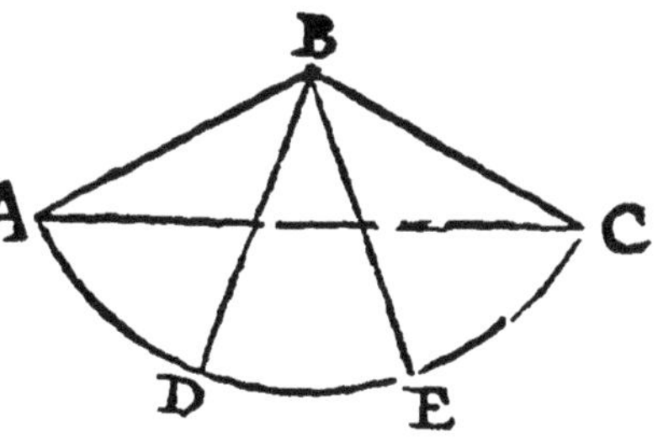

E B C, dont chacun est pareil à chacun des deux angles B A C, & B C A, estans sur ladicte base A C.

Les cinq angles du vray pentagone valent autant que six angles droicts. 37

LA cause est pource que chacun angle pentagonique est à l'angle droict comme six à cinq: parquoy les cinq dudict pentagone valent cinq angles droicts, & cinq cinquiesmes, qui font le sixiesme. Ou pource que les cinq angles pentagoniques ont autant de telles septiesmes, que les six droicts de cinquiesmes: & six fois cinq, font autant que cinq fois six.

La base de l'angle du vray pentagone, est aux costez dudict angle, comme quatre à deux & demy. 38

CEste proposition nouuellement par moy inuentee, est seure & fort vtile à descrire & figurer vn vray pentagone sur quelque ligne droicte assignee: ce qui au parauant estoit fort difficile à accomplir. Soit, comme dessus est dict, l'angle du vray pentagone A B C, ayant les costez esgaux A B, &

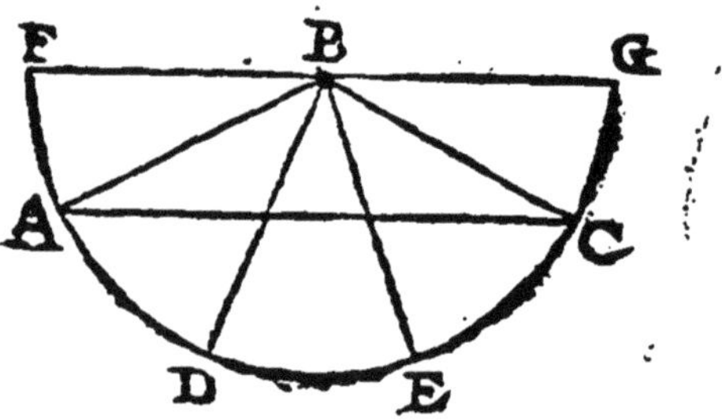

BC: ie dy que la base A C, est à chacun desdicts costez A B, & B C, comme quatre à deux & demy. Et si on produit selon les costez A B, & B C, le demy cercle, duquel le centre soit, B, chef de l'angle, & le diametre FBG: ie dy que la base A C, sera, audict diametre FBG, comme quatre à cinq: car le diametre FBG, vaut autant que les deux lignes AB, & BC, comme il appert.

29 *Sur la ligne donnee, faire & figurer vn vray pentagone autrement que dessus a esté dict.*

NOVS auons mis vne fois ceste proposition, mais il ne seroit possible selon sa declaration de faire le pentagone qu'on demande: pource qu'il faut diuiser l'angle droict en cinq parties esgales, pour auoir l'angle du pentagone: ce qui est encores incogneu. Car personne ne la trouué ne demonstré. Nous mettrons doncques icy la mode plus facile, plus expediente, & plus breue. Soit la ligne donnee A C: ie la party

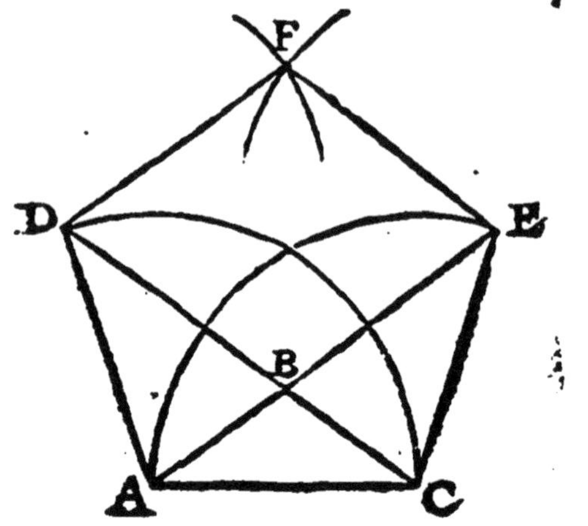

en quatre. Et selõ que i'ay dict maintenãt, par deux lignes AB, & BC, ayans chacune deux parties & demie de la ligne AC, ie fay sur elle l'angle ABC, qui sera l'angle du vray pentagone. Puis ie produis les lignes AB, & CB, si longues que ie veux, & selon la ligne AC, sur les deux poincts A, & C, ie fay deux arcs, & là ou il diuiseront les deux lignes AD, & CE, ie note deux poincts D, & E, & produis les lignes AD, & CE, lesquelles seront esgales à la ligne AC, & vrais costez du pentagone qu'on demande. Puis sur les poincts D, & E, selon la ligne AC, tourne de rechef deux arcs: & là ou ils se diuiseront note le poinct F, lequel sera le pignon & chef dudict pentagone requis. Produis doncques deux lignes DF, & EF, & sera ledict pentagone parfaict.

40 *Si on produit toutes les lignes d'vn pentagone d'angle en angle, on fera au milieu vn petit pentagone contrepoſé au plus grand.*

COmme il appert en la preſente figure, ABCDE: en laquelle par la produ-ction des cinq lignes interieures d'angle en angle eſt procreé vn petit pentagone interieur, qui eſt FGHIK, contrepoſé au plus grand. Car il y a les angles au droict des coſtez du grand, & les coſtez au droict des angles.

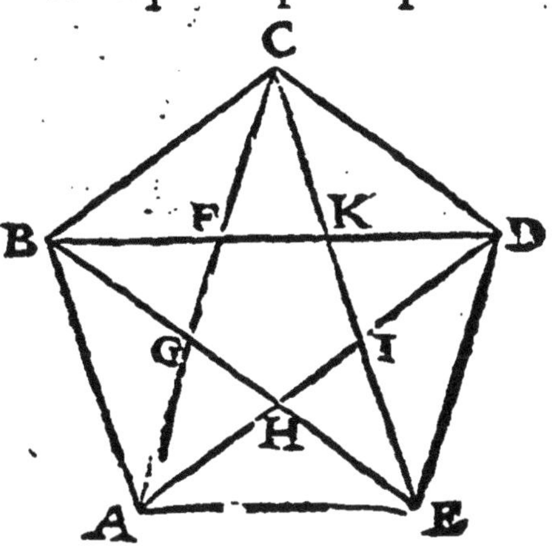

41 *Du pentagone ſaillant ou egredient.*

ASsez auons parlé du vray pentagone vniforme. Temps eſt de parler du pentagone egrediẽt, qui a les angles equipans dehors. Entre les triangles & quadrangles ne ſont aucuns ſaillãs ou egrediens: car les coſtez prolõgez tant qu'on vou-

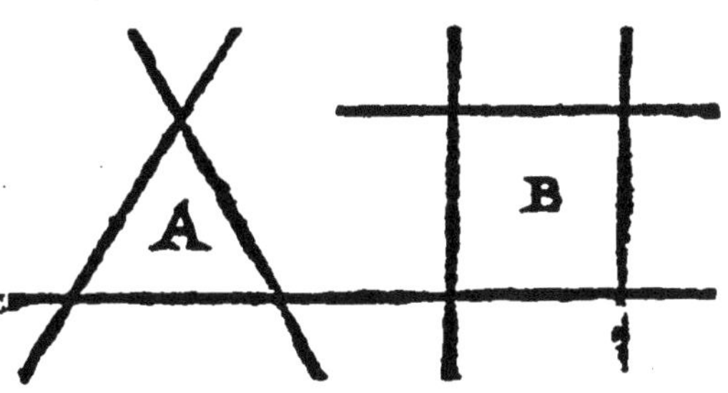

dra, iamais ne viendront à concurrence, ne à creer angle, comme il appert en ce triãgle A, & en ce quarré B.

Si on produit outre tous les costez d'vn vray pentagone, ils viendront à concurrence, & feront le pentagone saillant ou egredient. 42

COmme il appert par ce pentagone ABCDE, duquel tous les costez produicts outre, font le pentagone saillant ou egrediẽt FGHIK, ayant cinq angles sur les cinq costez, & hors du pentagone interieur ABCDE.

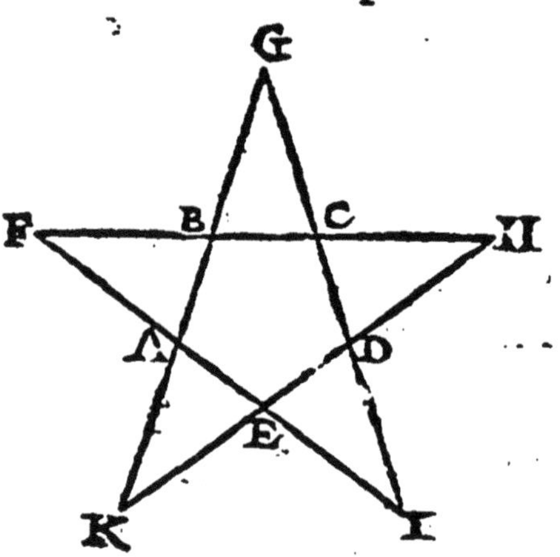

Tous les cinq angles de chacun pentagone saillant ou egredient, valent autant que deux angles droicts, & non plus. 43

CEcy se peut facilement veoir à l'œil, & prouuer en la precedente figure. Car tous les cinq angles du pentagone vniforme ABCDE, valent autãt que six angles droicts, & chacun desdicts angles par l'interieur pentagone saillant ou egrediẽt, est diuisé en trois esgalemẽt. parquoy les quĩze petits angles valent precisemẽt 6. angles droits & le pentagone saillant ou egredient, de ces quinze n'en comprend que cinq. Parquoy lesdits cinq angles saillans ou egrediens, ne valent que deux angles droicts : car deux sont le tiers de six : comme cinq sont le tiers de quinze.

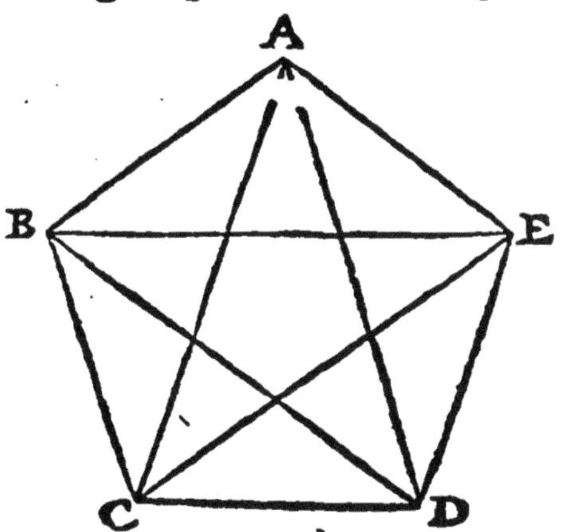

De l'hexagone.

44 *Sur la ligne assignee fabriquer vn vray hexagone.*

Soit la ligne assignee AB, ie fay sur elle vn isopleure, comme il a esté dict cy deuant, lequel soit ACB. puis sur le poinct B, selon les lignes

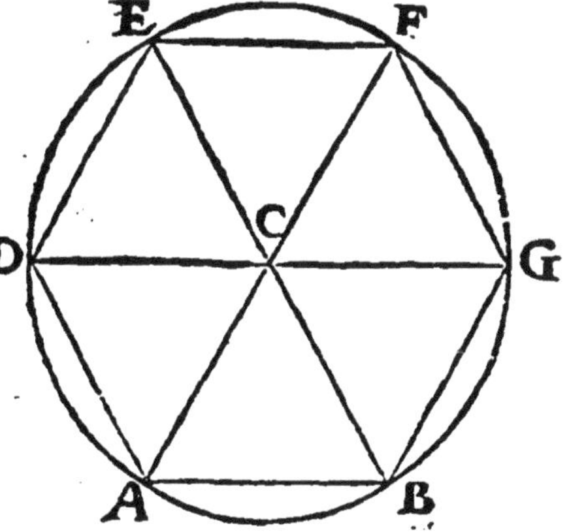

CA, & CB, fay vn cercle entier BADEFG, duquel ie diuise la circonference en six, selō le semidiametre CA, puis tire les lignes AD, DE, EF, FG, & GB. Ainsi sera parfaict le vray hexagone sur la ligne assignee AB.

Tout vray hexagone est composé de six isopleures: desquels le centre de l'hexagone est le commun chef. 45

CE propos est assez apparent en la figure precedente: & n'est necessaire de la renouueller: car trois diametres produicts en chacun hexagone, font la resolution d'iceluy six isopleures.

Si l'on produit en vn hexagone d'angle en angle six lignes droictes, au milieu du grand se fera vn petit hexagone. 46

COmme l'on voit icy au milieu du grand hexagone A BC D E F, vn petit hexagone G H I K L M, vniforme & regulier, & qui est la tierce partie du grād & exterieur A B C DEF. Car le grand est triple au petit: comme il appert par la resolution & diui-

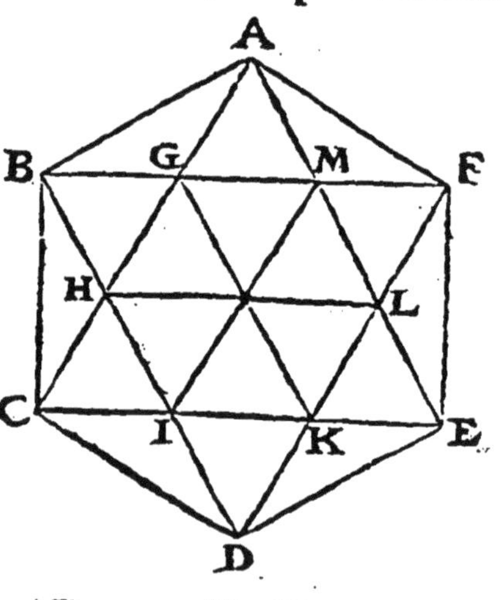

ſion faicte en petits triangles tous eſgaux, dont le grand en contient dixhuict, & le petit n'en comprend que ſix.

47 *Le diametre de l'hexagone regulier eſt double au coſté d'iceluy.*

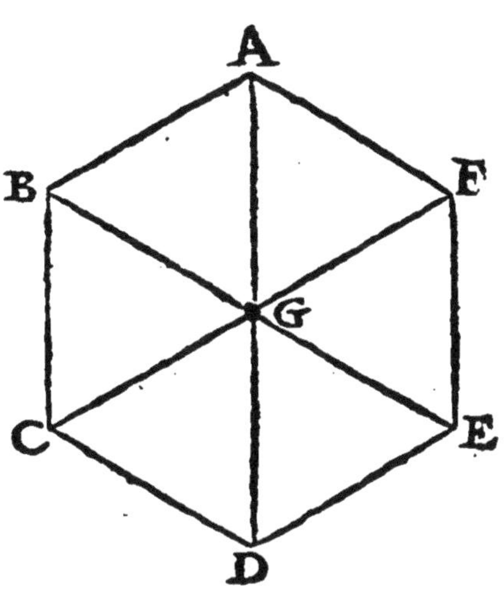

ON le void à l'œil en la preſente figure, en laquelle les trois diametres AD, B E, & C F, ſont doubles à chacũ coſté. Car tout ledict hexagone eſt diuiſé en ſix iſopleures eſgaux, ayans le poinct G, pour commun chef, qui eſt le centre dudict hexagone.

48 *Au tour de chacun hexagone regulier ſe peuuent figurer ſix hexagones à luy eſgaux, & non plus.*

CEcy appert en la preſente figure A B C DEF. en laquelle il y a vn hexagone G, au milieu, & ſix à l'enuiron à luy eſgaux, rẽ-

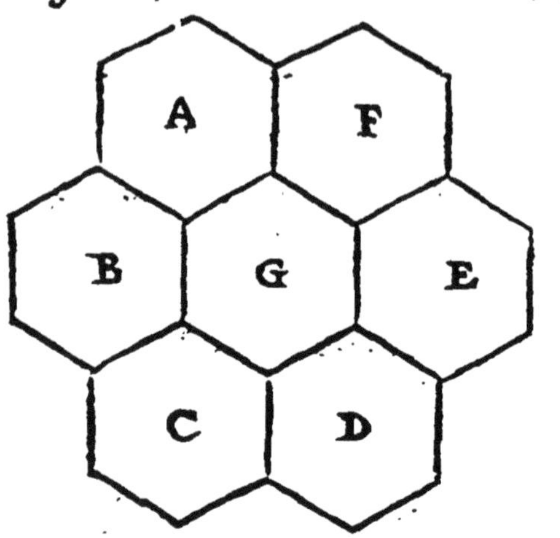

plissans toute la plaine sans aucune vacuité d'espace. Et n'y a que trois especes de figures regulieres qui se puissent ioindre ensemble, & remplir le lieu : c'est à sçauoir l'isopleure, le quarré, & l'hexagone.

Le vray & special angle de tout hexagone regulier est double à l'angle de l'isopleure. 49

CEcy appert en la figure presente, en laquelle deux vrais isopleures A D B, & B D C, ioincts ensemble, font d'vn costé & d'autre le vray angle du regulier hexagone, comme A D C, & A B C : car aussi six isopleures ioincts sur vn mesme centre, font vn hexagone regulier, comme il apert par les figures precedentes.

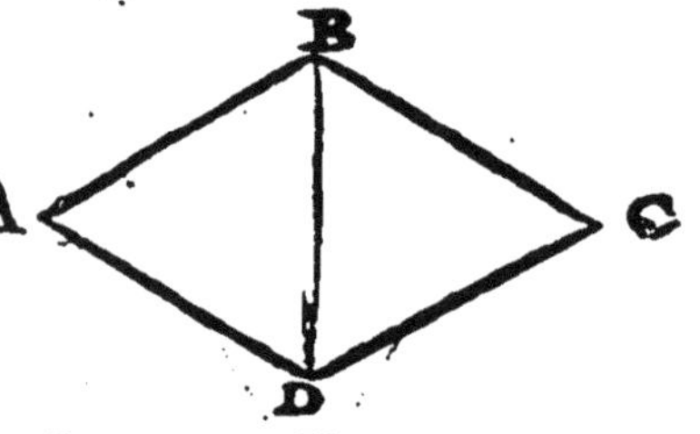

50 *Quelle proportion y a entre les diametres de plusieurs hexagones, pareille proportion y a entre les circonferences. Mais la proportion des aires est double à ladicte proportion.*

CEste proposition (comme auons dict cy dessus) est generale en toutes les especes des figures regulieres. Et se peut facilement esprouuer en la suiuante figure : en laquelle les costez & les diametres du grand & exte-

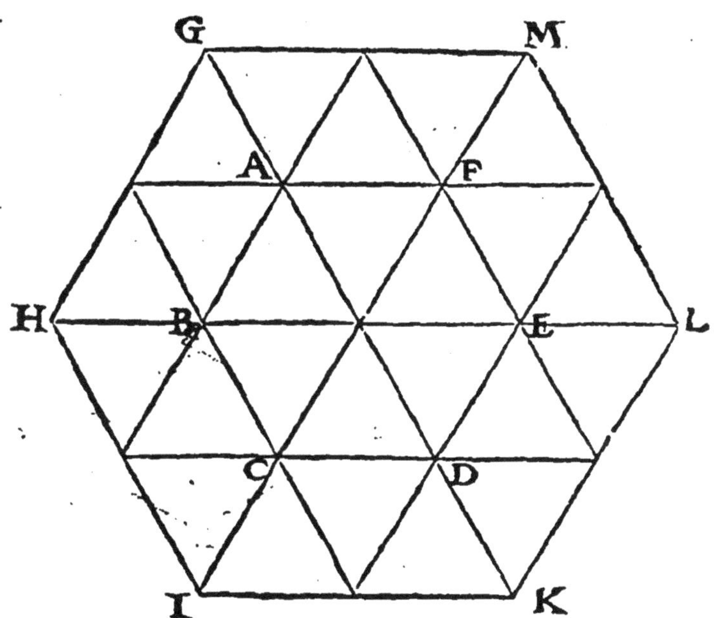

rieur hexagone GHIKLM, sont doubles aux costez, & au diametre du petit & interieur hexagone ABCDEF. Et ledit hexagone est quadruple au petit, cótenant vingt-quatre petit isopleures : & le petit n'en a que six, comme on void à l'œil.

L'angle de l'hexagone est à l'angle droict comme huict à six, ou comme quatre à trois. 51

L'Angle droict est à l'angle de l'isopleure: comme trois à deux, & l'angle de l'hexagone à l'angle de l'isopleure est double: par quoy l'hexagone à l'angle droict est comme quatre à trois: & par consequent, cõme huict à six. Exemple, ABC, qui est angle droict, est à l'ãgle de l'isopleure EBC, comme 3 à deux : & l'angle de l'hexagone D B C, double à l'angle EB C, est à l'angle droit ABC, comme quatre à trois, ou comme huit à six.

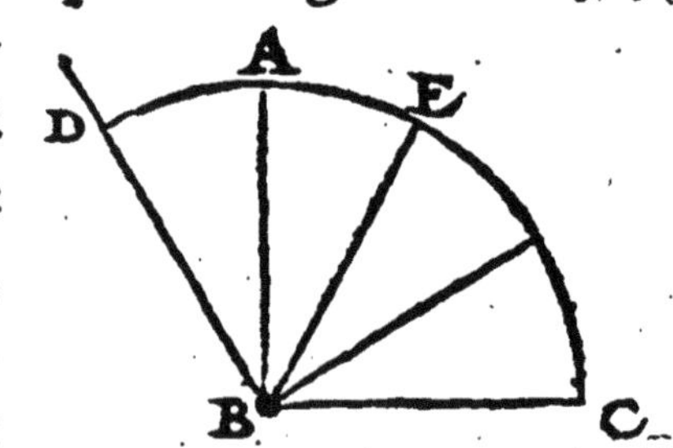

Les six angles de chacun hexagone valent autant que huict angles droicts. 52

IL s'ensuit necessairemẽt, si l'angle de l'hexagone est à l'angle droict comme huict à six, que les six de l'exagone valent autant que huict angles droicts. Car chacũ des six angles de l'hexagone, contient autant de telles huictiesmes, que chacun des huict angles droits a de sixiesmes. Et six fois huict, font autant que huict fois six.

De l'hexagone egredient.

53 *Si on prolonge droictement les costez de toute hexagone regulier, on fera l'exagone egredient.*

Comme il appert en ceste figure A B C D E F. en laquelle par la prolōgation des costez, est formé l'hexagone egredient, ayant six angles esgaux, respondans tous à l'angle de l'isopleure.

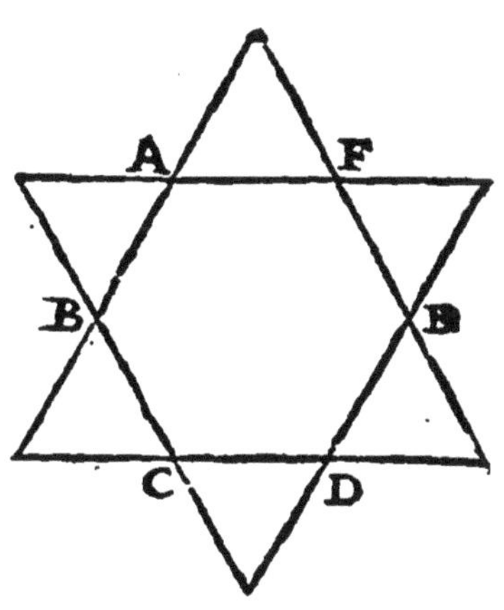

54 *Les six angles de l'hexagone egredient valent autant que quatre angles droicts.*

La cause est pource que chacun desdicts angles est vn angle de l'isopleure dont les trois valent deux angles droicts: parquoy les six en valent quatre.

Tout hexagone egredient eſt faict & compoſé de 55
deux iſopleures eſgaux & contrepo-
ſez, dont l'vn diuiſe les coſtez
de l'autre en trois.

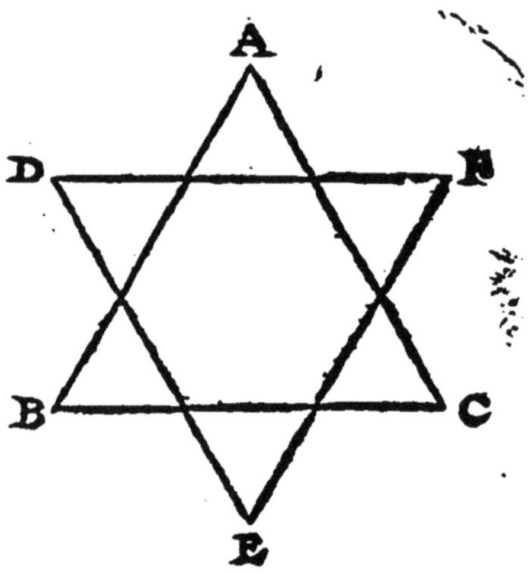

ON le void clairemẽt en ceſte figure: car l'iſopleure A BC, eſt contrepoſé à l'iſopleure DEF, & les deux font vn hexagone egredient ADBEC F, l'vn deſdicts iſopleures diuiſant chacun coſté de l'autre en trois parties eſgales: comme il appert par ladicte figure.

56 *Tout hexagone egredient est double à son hexagone regulier.*

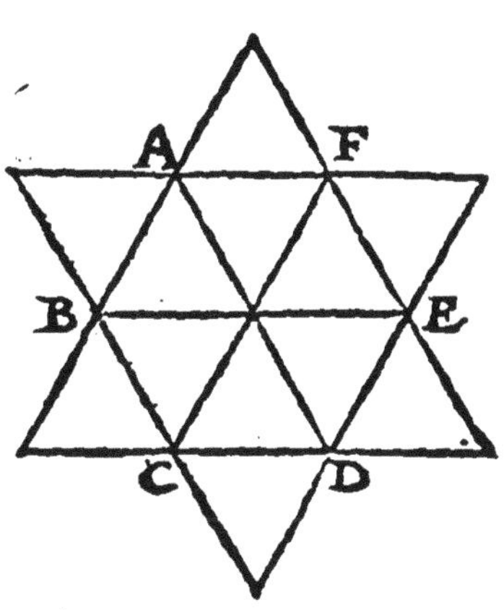

CE propos est assez notoire en la presente figure : car l'hexagone regulier & interieur ABCDEF, cõtient six petits isopleures: & l'hexagone egredient en comprend douze, en adioustãt sur l'hexagone interieur six isopleures par dehors, esgaux, & semblables aux isopleures interieurs.

57 *De l'heptagone.*

HEptagone est vne figure angulaire & reguliere, ayant sept costez & sept angles esgaux. Mais comment on le peut creer & figurer, ne Euclides, ne quelque autre Geometrien en ont donné la science : car à cause qu'il est de nombre impair, il est fort difficile à trouuer. Et iaçoit que le commentateur d'Euclides, excusant la difficulté, dit que la science de l'heptagone n'est de grande vtilité: ce nonobstant pour la reuerence du nombre de sept sur lequel Dieu a creé & parfaict le monde, on deuroit mettre peine de trouuer l'art & la science dudict Heptagone, sans y demourer (comme lon dit) a quia.

En vn vray heptagone y a six sortes de lignes à considerer & mesurer. 58

PRemier il y a le costé, comme est A B. Puis il y a vne base sous l'vn des angles, comme est la ligne A C, estant sous l'angle A B C. Puis vne autre ligne, comme A D, ayant sur soy deux angles A B C, & B C D. Puis la ligne produicte depuis chacun angle iusques au centre, comme sont A H, & H E. Puis la ligne du centre iusques à la moitié de l'vn des costez, comme H I. La derniere est la ligne composee de ces deux, comme A H I, nommee le cathet de l'heptagone, diuisant l'heptagone en deux parties. Qui scauroit les proportions & me-

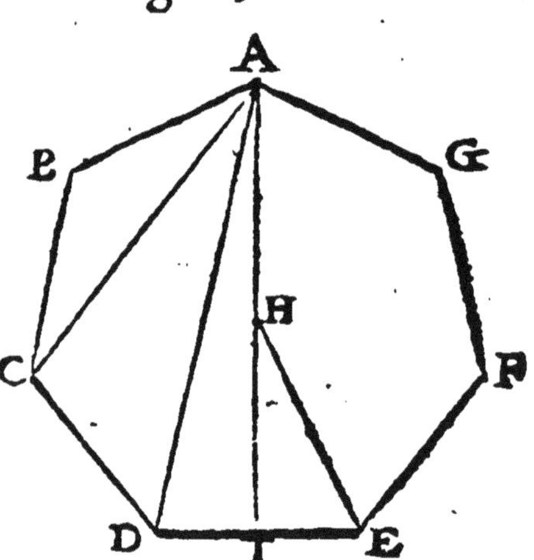

ſures de ſes ſix lignes, facilement trouueroit la ſcience pour figurer & creer ledict heptagone.

59 *En vn heptagone vniforme y a quatre triangles iſoſceles à conſiderer & meſurer.*

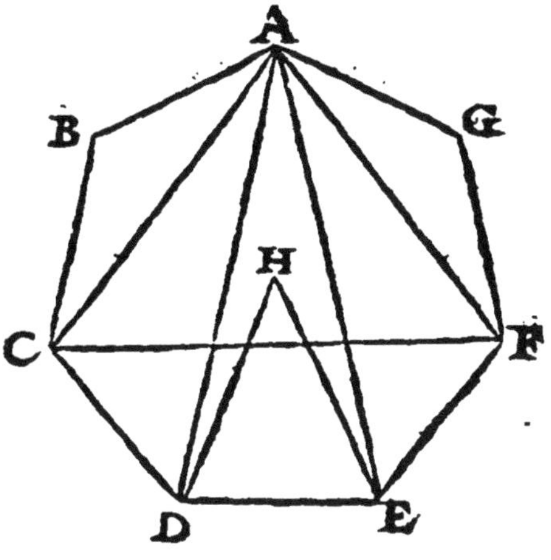

PLuſieurs triangles on peut faire tous diuers dedans vn vray heptagone, pour aider à trouuer la ſcience de luy : mais il y en à quatre principaux, qui ſont iſoſceles. Dont le premier eſt l'iſoſcele ABC, ou AGF : deſquels l'angle ſuperieur comprins ſur les coſtez dudit heptagone, eſt quintuple aux deux angles de la baſe. Le ſecond triangle eſt l'iſoſcele CAF: duquel l'angle ſuperieur au poinct A, eſt triple à chacun angle de la baſe CF, & cõme trois à deux. Le tiers triangle eſt l'iſoſcele DAE, duquel l'angle ſuperieur du poinct A, eſt la tierce partie de chacun angle de la baſe DE, c'eſt à dire de l'angle ADE, & AED. Car chacun angle de la baſe, eſt triple à celuy qui eſt comeſt comprins ſur les deux coſtez. Le quart triangle eſt l'iſoſcele DHE, duquel le pignon H, eſt le centre de l'heptagone, & la baſe eſt le coſté dudict heptagone. Mais la proportion des angles de ceſtuy dernier triãgle, eſt incertaine & incogneuë. Outre ces triangles iſoſceles, y a vn ſcalene, comme ACD, ou AEF.

L'angle de l'heptagone eſt à l'angle droict comme dix à ſept. 60

QVi auroit trouué la ſcience de partir vn angle droict en toutes parties eſgales, cõme en trois, en quatre, en cinq, en ſix, ou en ſept, & ainſi des autres: on ſçauroit facilemēt ſur toutes lignes aſſignees figurer & deſcrire toutes figures regulieres, comme auõs ia dict du pentagone, & de l'hexagone. Car l'angle droict aux angles de toutes figures regulieres, eſt en certaine quantité & proportion. Premierement il eſt eſgal à l'angle du vray quarré. A l'angle du pentagone, il eſt comme cinq à ſix. Et à l'angle de l'hexagone, comme ſix à huict. Et à l'angle de l'heptagone, comme ſept à x. comme icy auons diuiſé l'angle

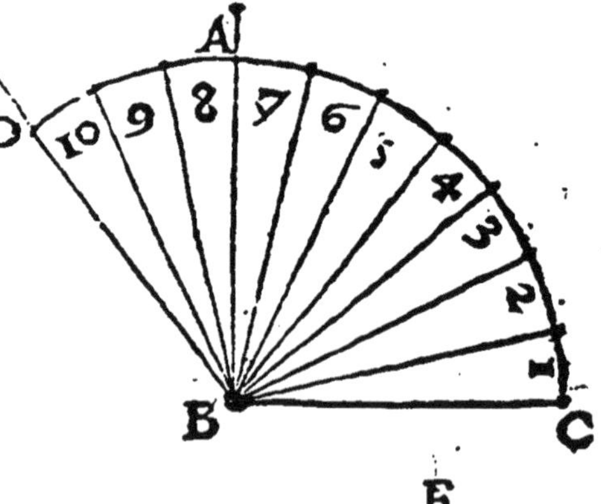

droict ABC, en sept parties. Et l'angle DBC, (qui en contient les dix) est le vray angle de l'heptagone regulier qu'on voudroit faire & figurer sur la ligne assignee BC. Et est la plus courte & facile voye de creer tout heptagone regulier, mais qu'on sceut le moyen de diuiser tout angle droict en sept: ce qui n'est encore sceu ne trouué.

61 *Autres manieres y a pour faire l'heptagone mais à present incogneues, & non inuentees.*

PAr les triangles desquels auons n'aguere parlé, on peut facilement figurer & faire l'heptagone, mais qu'on sceust figurer lesdits triangles. Cõme premieremẽt par le triangle ABC, ayant l'angle superieur & sur le poinct B, quintuple aux deux angles de la base A C. Aussi par le triãgle CAF, ayant l'angle superieur au poinct A, cõme trois à deux à ceux de la base C F. Pareillement par le triangle D AE, ayant les 2. angles inferieurs de sa base DE, chacun triple à l'angle supe-

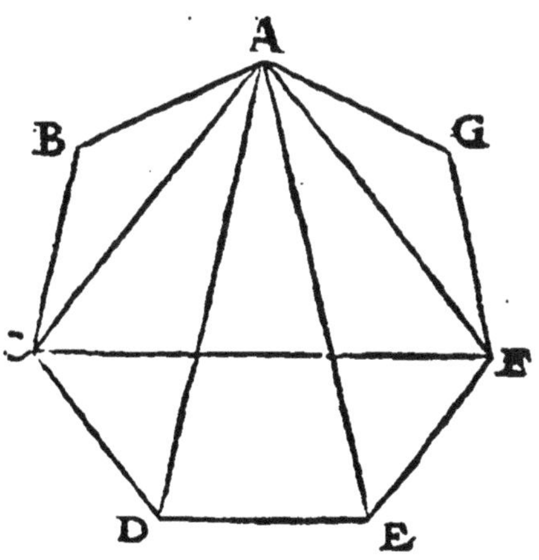

rieur du poinct A. La maniere de trouuer & figurer ces trois triangles, est à present incogneuë. Parquoy aussi la composition de l'hexagone demeure incogneuë iusques auiourd'huy. Si quelcũ la peult trouuer, ce sera bien faict à luy: & sera grande vtilité aux Geometriens pour suppleer & inuenter ce qui est à present imparfaict & incogneu.

De l'heptagone regulier par le prolongement des costez suruient l'heptagone saillant ou egredient. 62

COmme il appert au present hexagone, lequel sur le regulier & interieur A B C D E F G, adiouste sept angles saillans hors, & esgaux l'vn à l'autre: desquels si on produit les lignes droictes passant par le centre de l'heptagone, elles iront cheoir sur les angles opposites dudict heptagone interieur & regulier, & chacune partira tout ledict heptagone en deux parties esgales: comme il appert par la presente figure.

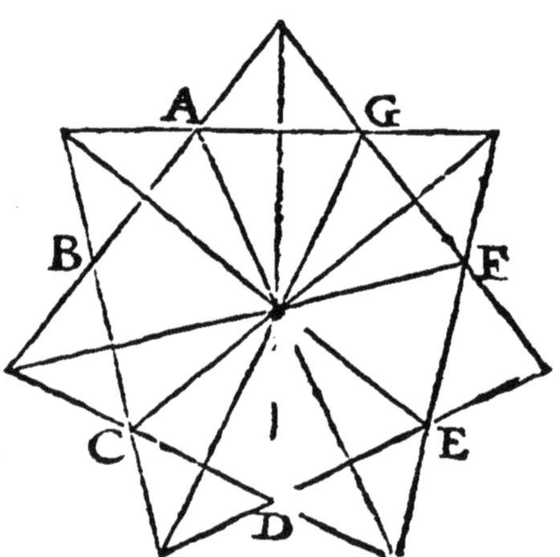

63. *Si on prolonge les costez de l'heptagone saillant, il suruiendra vn autre heptagone moult plus egredient que le premier.*

Comme on voit en la presente figure, en laquelle au tour du premier heptagone

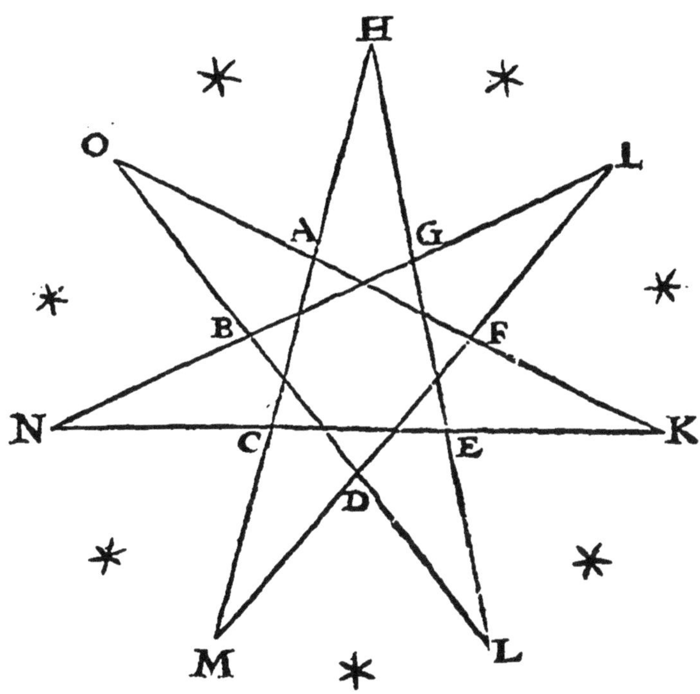

y a double heptagone saillant ou egredient, l'vn est ABCDEFG, l'autre HIKLMNO, qui est moult plus egredient, & hors saillant que le premier, ayant aussi les sept angles plus agus: & toutes les saillies sont esgales & comprinses dedans vn cercle, qui le voudroit à l'entour figurer.

Tous les sept angles exterieurs du dernier & plus long heptagone saillant, ne valent que deux angles droicts. 64

COmme les cinq angles exterieurs de tous pentagones egrediens, ne valent que deux angles droicts: aussi tous les sept angles exterieurs du dernier & plus saillant heptagone, ne valent donc autant que cinq: car nous auons dict dessus, que pour faire vn vray pentagone, il faut diuiser l'angle droict en cinq, pour trouuer l'angle du pentagone, Aussi pour obtenir & faire l'angle de l'heptagone, il faut diuiser l'angle droict en sept. Parquoy aux pentagones & heptagones saillans se faut reigler par cinq & par sept angles saillans, qui tous ensemble ne vaudront que deux angles droicts.

Des figures angulaires en general. 65

L'angle droict est le vray & especial moyen à trouuer & figurer tous les angles des vrayes figures angulaires.

CHacune figure angulaire a sõ propre & especial angle, lequel est en certaine proportion à l'angle droict, comme auons ja dict plusieurs fois. Parquoy l'angle droict est le vray & certain moyen pour trouuer & creer tous les angles des figures angulaires. Et cõsequemment il est aussi le moyen à parfaire lesdictes figures sur les lignes assignees : car qui a trouué & faict l'angle de quelque figure, il peut facilement parfaire entierement ladicte figure.

66 *Declairer faut la proportion de l'angle droict à chacun angle especial des figures angulaires.*

PRemier l'angle droict à l'angle de l'isopleure, est comme trois à deux : à l'angle du vray quarré, il est pareil & esgal. L'angle du pentagone à l'angle droict est comme six à cinq. L'angle de l'hexagone audict angle droict est comme huict à six. L'angle de l'heptagone luy est comme dix à sept, & ainsi des autres, cõme il est demonstré en ceste table.

La proportion des angles à l'angle droict.
L'angle de l'isopleure, comme trois à deux.
L'angle du quarré est esgal à l'angle droict.
L'angle du pentagone, comme six à cinq.
L'angle de l'hexagone, comme huict à six.
L'angle de l'heptagone, comme dix à sept.

Les angles droicts, que valent tous les angles de chacune figure angulaire, continuellement enſuyuent les nombres pairs. 67

COmme les trois angles de l'iſopleure valent deux angles droicts, les quatre du vray quarré valent quatre, les cinq du pentagone en valent ſix droicts, les ſix de l'heptagone en valent huict, les ſept de l'heptagone valent dix angles droicts, & ainſi des autres: tellement que l'augmentation va touſiours par deux, ſelon les nombres pairs, qui ſ'entreſuyuent par l'augmentation de deux en deux: comme 2.4.6.8.10.12.14.

68 *Si vne ligne droicte est perpendiculaire sur le milieu d'vne autre, puis deux, puis trois, & quatre, & cinq: & ainsi consequemment, elles font autant d'angles droicts, que valent continuellement tous les angles des figures regulieres.*

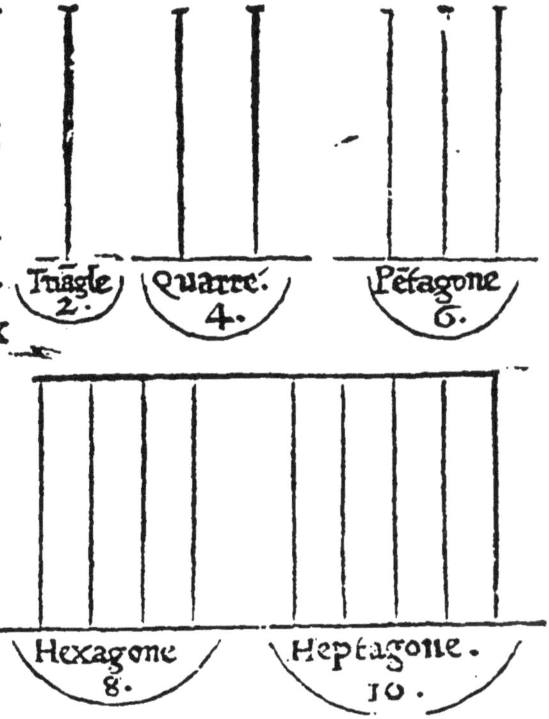

SI vne seule ligne droicte est perpendiculaire sur le milieu d'vne autre, elle fait deux angles droicts. Parquoy ladicte incidẽce faict autant d'ãgles droicts, cõme valent les trois angles d'vn triangle quel qu'il soit. Et si deux lignes droictes sont perpendiculaires sur le milieu d'vne mesme ligne droicte, elles feront quatre angles droicts, respondans aux quatre angles du vray quarré. Trois lignes droictes sur le milieu d'vne mesme ligne droicte, font six angles droicts, respondans aux six angles droicts, que valent les cinq angles du vray pentagone. Quatre lignes droictes perpendiculaires sur mesme ligne, font huict angles droicts, respondans aux huict angles droicts que valent les six angles de l'hexagone. Cinq lignes droictes reposans perpendiculairemẽt sur le milieu d'vne mesme ligne droicte, font dix angles droicts, autant que valent les sept angles d'vn vray heptagone. Et ainsi doit on dire de l'incidence de plusieurs lignes droictes perpendiculaires sur les poincts du milieu d'vne autre mesme ligne droicte.

Sur vne mesme droicte ligne constituer & descrire toutes les figures angulaires dessusdictes. 69

SVr la ligne A B, par le moyen de deux demy cercles descripts selon ladicte ligne, & diuisans l'vn l'autre sur le poinct C, qui est chef ou sommet de l'isopleure A C B, sont figurees les figures proposees, comme le quarré A D H B, le pentagone A E M I B, l'hexagone A F N O K B, & le heptagone A G P Q R L B, desquels tous les angles (selon ce que dessus est dict) sont en continuelle proportion à l'angle droict, qui est le chef & le plus especial de tous angles reguliers. En ladicte figure on void clairement que toutes figures estans nommees ou exprimees par nombre impair, comme triangle, pentagone, heptagone, ont le pignon & chef superieur opposite à leur base A G D. les figures exprimees & comprinses par nombre pair (comme le quarré & l'exagone) sont comme ayans platte forme au dessus opposite à

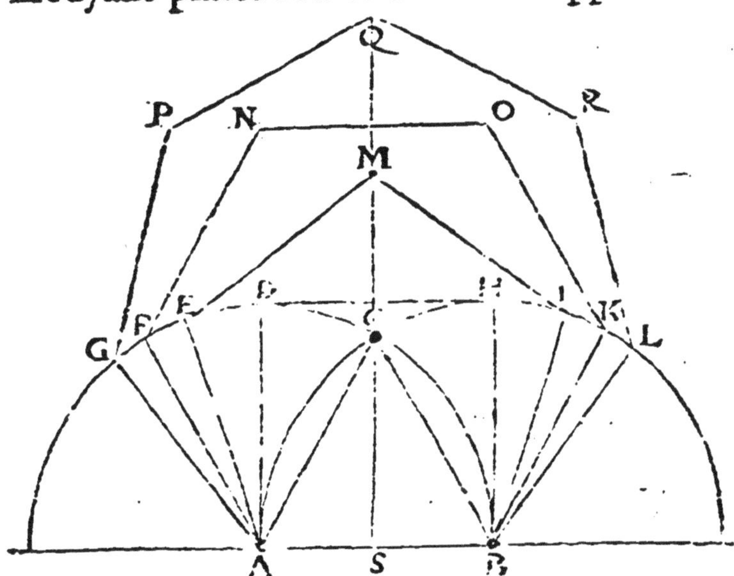

leur base, & la ligne perpendiculaire sur le milieu de la base (comme est la ligne Q M C S) passe parmy les centres & les pignons & plattes formes desdictes figures, les diuisant par la moitié iustement.

Qui ſcauroit diuiſer l'angle droict en toutes parties 7 c. eſgales indiferemment, il ſcauroit facilement figurer & deſcrire toutes les figures angulaires ſur toute ligne droicte propoſee.

NOus auons aſſez & ſouuent touché & expliqué ceſte matiere, & l'auons icy remiſe en forme de proportion, pour inciter l'eſprit des bons eſtudians à trouuer la ſcience de diuiſer l'angle droict en toutes parties eſgales: car ladicte ſcience eſt fort vtile à la Geometrie, & ne fut iamais inuentee ne trouuee, ſans laquelle on ne ſçauroit faire la figure precedente, ne ce que l'antecedente propoſition requiert & propoſe accomplir. Parquoy ie prie ceux qui ſont de clair engin & ſtudieux de la Geometrie, qu'ils mettent peine de trouuer ceſte belle notable & fort vtile inuention, beaucoup plus vtile que la quadrature du cercle, laquelle a eſté long temps incogneuë, & par l'incitation & aduertiſſement d'Ariſtote a eſté de noſtre temps inuentee & venue à cognoiſſance de chacun.

DES INSCRIPTIONS ET CIRCONS-CRIPTIONS DES Figures angulaires dedans & au tour les cercles.

Chapitre troisiesme.

1 *Et premierement au tour d'vn isopleure, & aussi dedans, figurer vn Cercle.*

POVR ce faire, il faut trouuer le centre de l'isopleure, par trois lignes diuisans les costez & les angles en deux: puis figurer les deux cerles, l'vn par les points des angles, & l'autre par le milieu des costez. Ainsi seront faicts les cercles proposez cóme on void

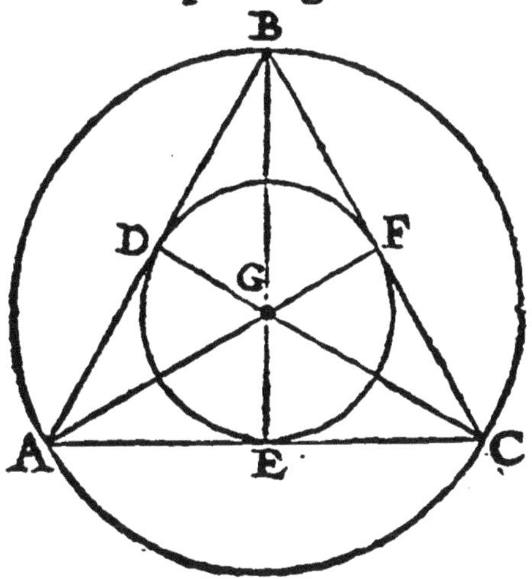

faicts en la precedente figure, ayant deux cercles, l'vn au tour de l'isopleure ABC, & l'autre dedans, c'est à sçauoir DEF, desquels le commun centre est le poinct G.

Au tour & dedans vn cercle, descrire & figurer vn isopleure. 2

C'Est la côuerse de la precedēte proposition. Diuise doncques le cercle proposé selon son semidiametre en six. Puis

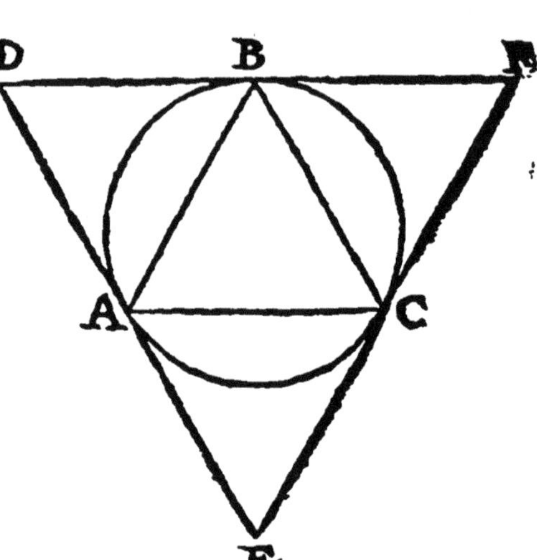

selon trois des poincts, en delaissant vn point entre deux, fay l'isopleure dedans ledict cercle, comme est ABC. Puis apres sur les costez de l'isopleure interieur, fay encore trois isopleures esgaux audict interieur. Ie dy que de ces trois exterieurs sera faict vn grand isopleure exterieur au tour du cercle donné & proposé, comme est DEF.

3 *L'isopleure qui est au tour d'vn cercle, à celuy qui est dedans: pareillement le cercle qui est au tour d'vn isopleure, à celuy qui est dedans, sont en proportion quadruple.*

CEcy appert euidemment en la prochaine & precedente figure, en laquelle le grand & exterieur isopleure DEF, contient quatre isopleures esgaux, dont le petit & interieur ABC, en est vn. Et en l'autre figure precedente, le diametre du grand cercle ABC, est double au diametre du petit cercle DEF. Parquoy selon ce qui a esté dict cy deuant, le grand cercle est quadruple au petit.

4 *Dedans & au tour d'vn vray quarré faire & descrire vn cercle.*

SOit proposé le quarré AB CD: diuise le doncques par deux lignes droictes au milieu des angles & costez: car lesdictes lignes passeront par le centre dudict

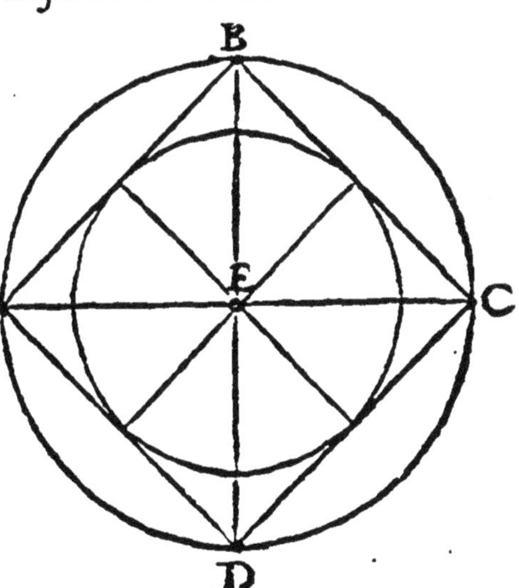

vray quarré, qui est le poinct E : & par ainsi feras & descriras aisément lesdicts cercles, comme tu vois en la presente figure.

Dedans & au tour d'vn cercle descrire & figurer vn vray quarré. 5

C'Est la conuerse de la precedente proposition. Diuise doncques le cercle ABCD en quatre parties par deux diametres AC & BD, cõme tu vois en la presente figure: & facilemẽt tu descriras & feras ledict quarré tant au dedans, que au tour, & enuiron ledict cercle, comme sont les quarrrez ABCD, & EFGH.

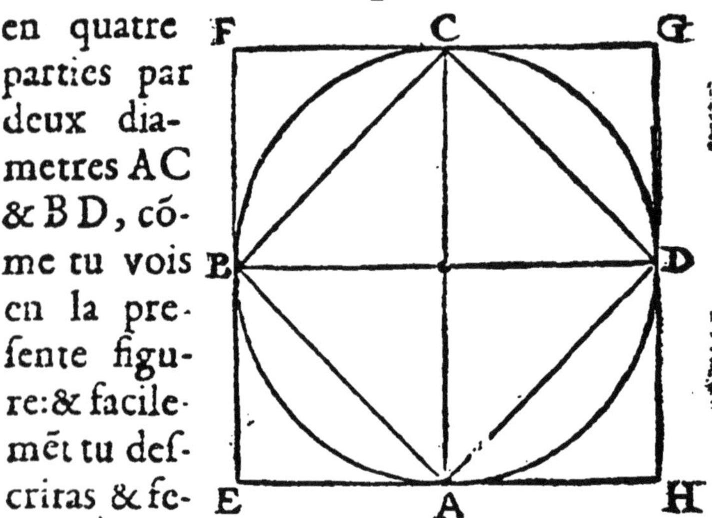

Deux cercles descripts l'vn dehors & l'autre dedãs vn quarré, ensemble deux quarrez descripts l'vn dehors & l'autre dedans vn cercle, sont en double proportion. 6

CE propos est assez declaré cy deuant. Et clairement on void que le grand quarré EFGH, qui est le quarré du diametre du petit, est double au petit quarré ABCD, qui est le quarré de l'vn des costez. Et en quelle proportion sont les deux quarrez, entre lesquels moyenne vn cercle: en la pareille sont deux cercles descripts l'vn dedans & l'autre dehors le vray quarré.

7 *Dedans vn cercle faire & figurer vn vray pentagone.*

DEdans le cercle assigné A B C, ie tire le diametre A D C: puis le semidiametre DC, ie diuise en deux parties sur le poinct E. Pareillement le demy arc A B C, ie diuise en deux moitiez sur le poinct B, & produy la ligne B E. Puis du poinct E, ie prés du diametre A D C, la ligne EF, pareille

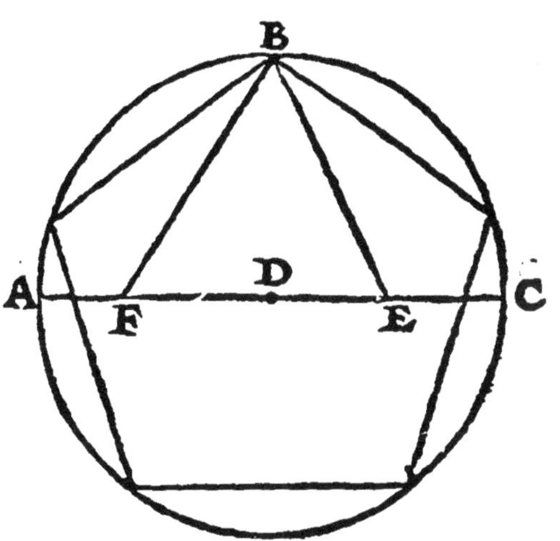

& esgale à la ligne B E. Apres ce ie tire la ligne BF, laquelle ie dy estre le vray costé du pentagone que l'on veult figurer dedans le cercle proposé. Parfay doncques le pentagone selon la ligne B F: & tu auras ton intention.

tion. Ceste nouuelle inuention est belle, & n'est pas en Euclide. Mais Ptolomee l'a inuentee & demonstree au neufiesme chapitre du premier liure de son Almageste, & Geber son cõmentateur en la dixneufiesme proposition de son premier liure qu'il a descript sur ledict Almageste, & autres l'ont depuis ensuiuy.

Au tour d'vn cercle pourtraire & figurer vn pentagone regulier. 8

Qui sçait faire le pentagone regulier dedans le cercle, facilemẽt le fera dehors, & au tour du cercle. Produy doncques les semidiametres du pentagone A B CDE, estans dedãs le cercle, iusques aux poincts des angles d'iceluy. Puis sur lesdicts semidiametres & poincts des angles ABCDE, produy cinq perpendicu-

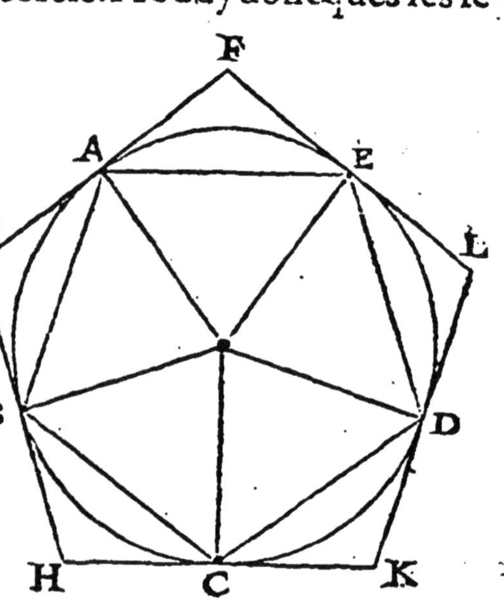

laires si longues d'vn costé & d'autre, qu'elles conuiennent ensemble. Et ainsi parferas le pentagone qu'on demande à l'enuiron du cercle assigné, comme est le pentagone FG HKL.

9 *Dedans & au tour d'vn pentagone descrire & figurer vn cercle.*

NOus auons monstré cy dessus comment sur la ligne assignee se doit figurer & descrire vn pentagone. Soit doncques le pentagone assigné ABCD E: selon le semidiametre de luy, comme selon la ligne F B, descry vn cercle passant par les poincts des

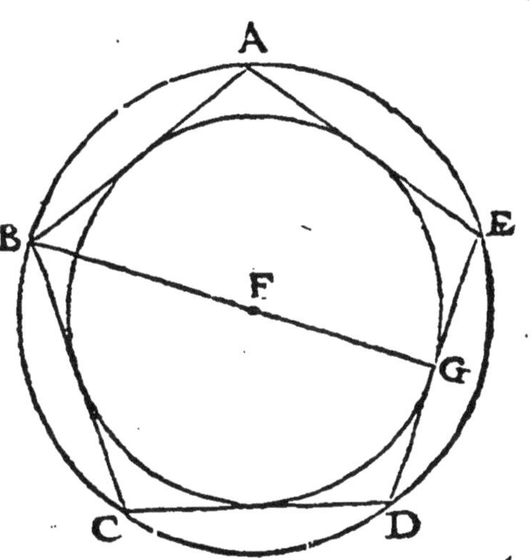

angles ABCDE. Puis selon la ligne FG, diuisant le costé du pentagone par le milieu, descry vn autre cercle dedans ledict pentagone: ainsi sera faict ce qu'on demande. Et ceste reigle se doit garder en toutes figures angulaires, pour les tirer au tour & dedans vn cercle, ou pour tirer vn cercle au tour & dedans icelles.

Dedans & autour d'vn cercle figurer vn hexagone regulier. 10

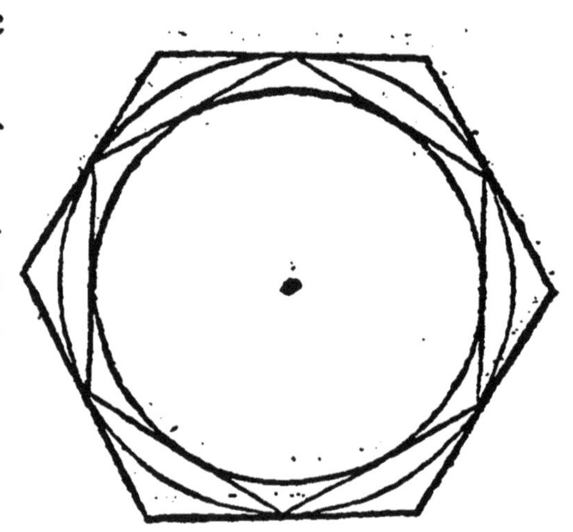

CEcy se peut faire plus facilement que les autres, pource que l'hexagone se fait par le semidiametre du cercle. Parquoy legerement se peut dedans & au tour du cercle assigné figurer vn hexagone, comme l'on peut veoir en la presente figure.

Dedans & autour d'vn hexagone descrire vn cercle. 11

CE cas est aussi facile, comme le precedent pource que le costé de l'hexagone, interieur est esgal au diametre du cercle : comme n'aguere a esté dict.

12 *Dedans vn cercle proposé figurer vn heptagone.*

LA ſcience de l'heptagone eſt fort difficile: & n'eſt encore trouuee la maniere de faire vn heptagone regulier ſur vne ligne droicte aſſignee. Mais de le faire dedans vn cercle, nous en auons trouué l'art fort brefue & facile. Soit doncques le cercle aſſigné & propoſé A B C. Ie produy dedans luy ſelon la ſcience deuant expoſee, vn vray iſopleure ABC, & diuiſe le coſté A C, en deux moitiez ſur le poinct D, par la ligne perpẽdiculaire BD. Ie dy que la moitié dudict coſté (comme BD ou DC,) eſt le vray coſté de l'heptagone que l'on veut deſcrire & figurer dedans le cercle ABC. Parquoy il eſt facile de parfaire ledit heptagone, duquel le coſté eſt facilement trouué. Et qui ſçait (comme dict auons) figurer vn heptagone dedans le cercle aſſigné, facilement le fera au tour. Et

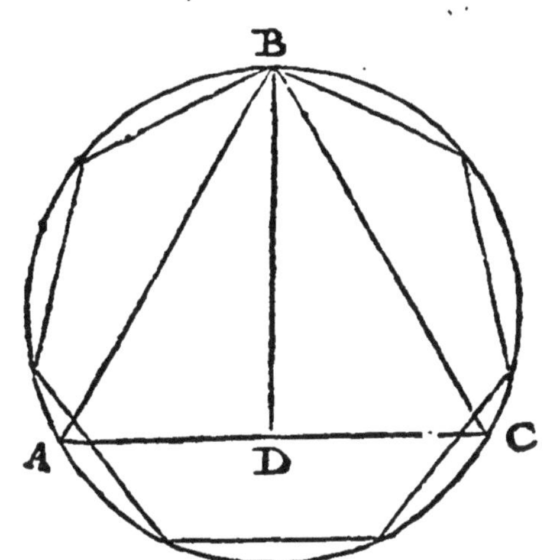

au contraire dedans vn heptagone proposé, & aussi au tour d'iceluy, sera vn cercle comme il sera requis. Mais il est difficile de trouuer l'heptagone par soy mesme, sans l'aide du cercle, & de l'isopleure estans dedans ledict cercle.

DE LA QVADRATVRE DV CERCLE
Chapitre quatriesme.

PLusieurs le tẽps passé ont parlé de la quadrature du cercle, & ont prins grand'peine pour la trouuer: ce qu'ils n'ont faict. Archimedes Syracusan, & Euclides Megarensis, y ont exposé du temps: & n'y ont guere profité. Aristote en a escript, disant qu'elle se pouuoit trouuer, & n'estoit encore trouuee, dont il a incité plusieurs à ce faire: mais ils ne l'ont sceu trouuer, ne inuenter. Vn Geometrien nommé Brauardin en a faict vn petit traicté, cuidant l'auoir bien inuentee. Mais il y a grand faulte, & visible abus en son propos, tellement que par sa quadrature faudroit que l'arc fust esgal à sa corde ce qui eſt impoſſible. Car chacun ſçait que l'arc eſt plus long que ſa corde, quelque petit qu'il ſoit. Vn petit deuãt noſtre temps, le reuerendiſſime Cardinal nommé Nicolaus de Cuſa, l'a bien trouuee & miſe par eſcript en ſon liure, iaçoit que pour ce faire il ait vſé & procedé par aucuns moyens eſtranges aux Geometriens : car il a vſé de dimenſions infinies, leſquelles vn Geometrien ne cognoit, & ne confeſſeroit iamais eſtre poſſibles. Nonobſtant ſon inuention eſt bonne & approuuee, tant par raiſon que par experience. Auſſi pareillement auons prins peine de la trouuer par autre moyen, & n'auons eſté fruſtrez de noſtre labeur : car nous eſtans vne fois ſur le petit pont de Paris, en regardãt les rouës d'vn chariot tournans ſur le paué, me ſuruint viſible & facile occaſiõ de venir à fin de mon intention. Il eſt notoire, quand vne rouë a faict vn tour entier ſur le plat paué, que la ligne droicte ſur laquelle elle a fait vn tour entier, eſt eſgale à la circonference de ladicte rouë. Parquoy ne reſtoit plus que de trouuer les certaines incidences des poincts du quadrant de la rouë, & de la moitié, & de la rouë entiere ſur le paué, à fin que par ce moyen l'on peuſt trouuer vne ligne droicte, eſgale aux parties de la circonference, & auſſi à toute la circonference, ſans lequel moyen ne ſe pouuoit trouuer la quadrature du cercle. Moy retourné au logis, à l'aide du compas & de la reigle, trouuay sur vne table d'airain ce que ie cherchois facilement, comme nous le declarerons cy apres plus au long.

Trouuer vne ligne droicte esgale à la quarte partie de la circonference. 2

SOit vn cercle proposé A B C D, diuisé en quatre parties par deux diametres, A C, & B D. Ie prolonge le diametre A C, en bas tant que ie veux. Puis produy sous ledict cercle la ligne F A G, touchant ledit cercle sur le poinct A, distant esgalement au diametre B E D, laquelle ligne me representera vne plaine, sur laquelle le cercle proposé

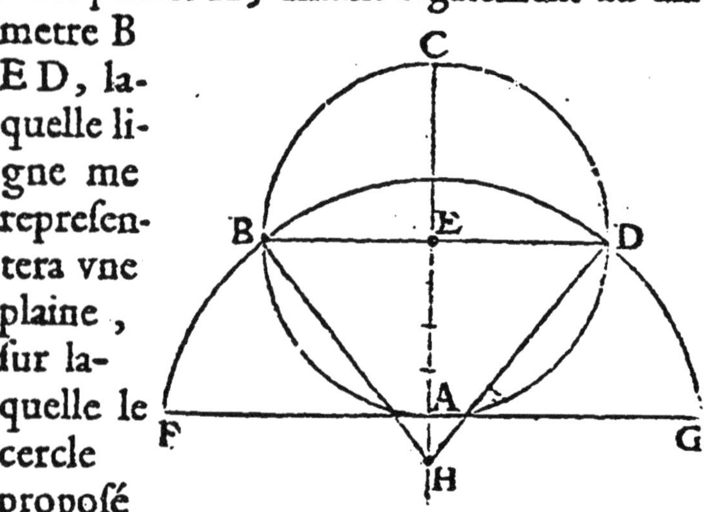

(representant vne roue) se mouuera & fera son tour. Ie diuise le semidiametre A E en quatre parties esgales, & dessous le cercle prens la mesure d'vne quarte partie, tellement que la ligne F A H, contienne cinq desdictes parties, & le semidiametre F A, lesdictes quatre. Puis ie produy la ligne HD, & fay le poinct H, comme vn centre: & selon la ligne H D, ie produy vn arc de cercle, iusques à ce qu'il rencontre & diuise la ligne F A G, sur les poincts F G. Ie dy doncques, que la ligne A G, sera esgale à la quarte partie de la circonference, & aussi de l'autre costé la ligne A F: car si le cercle A B C D, estoit vne roue, tournant sur la plaine F G, vers le poinct G, ledict poinct D, viendroit rencontrer & cheoir sur G, & de l'autre costé le poinct B, tomberoit sur le poinct F.

3 *Trouuer vne ligne droicte esgale à la moitié de la circonference.*

FAcilement par la figure & declaration precedente, se peut trouuer ce qu'on demãde icy: car qui a trouué la quarte partie, il a la moitié, & aussi le tout: comme la ligne F A G, qui est esgale à la moitié de la circonference. Mais pour corroborer ladicte inuention, nous mettrons encores ceste proposition, à laquelle nous satisferons de nostre pouuoir. Soit doncques reiteree la figure precedente. Ie prolonge la ligne CEA, en bas tant que ie veux, & ſelon la diuiſion du ſemidiametre F A, qui a eſté faicte en quatre parties eſgales, ie fay la ligne A I, de ſix telles

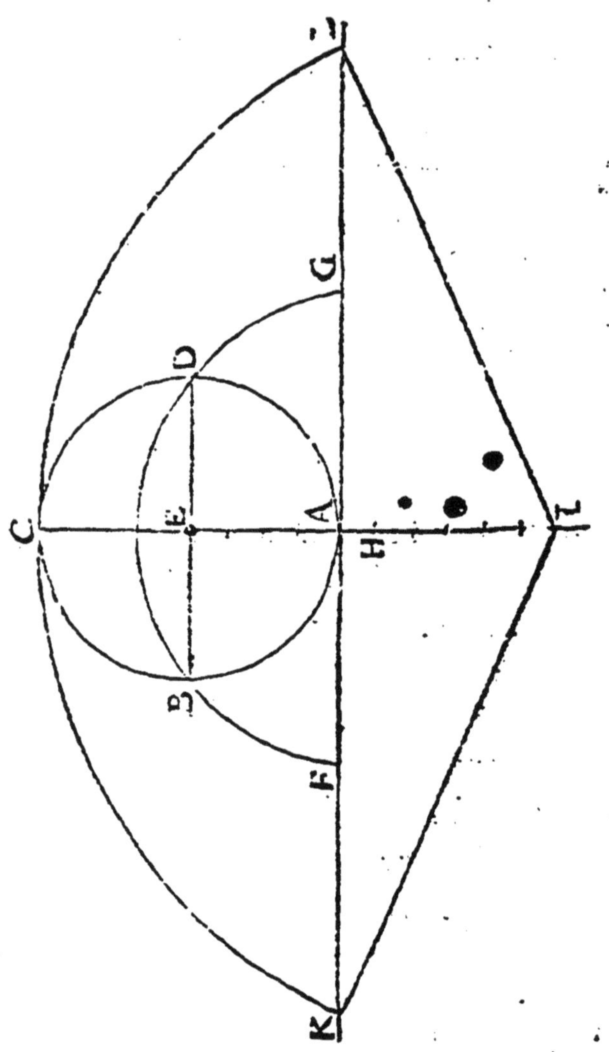

parties, depuis le poinct A, iuſques au poinct I : tellement que toute la ligne C A I, compoſee du diametre A C, & deſdictes ſix parties adiouſtees, ſoit comme quatorze, dont la ligne E H, estoit comme cinq. Ie produy droictement d'vn costé & d'autre la ligne F A G, vers les parties ou poincts K L : & mets le pied immobile du compas sur le poinct I: puis selõ la ligne I C, ie descry vn grand arc, lequel diuisera la ligne K L, (estant dessous le cercle, & representant la plaine dessusdicte) sur les poincts K, & L, puis tire les lignes I K, & I L. Ie dy que chacune des lignes A K, & A L, sera esgale à la demie circonference : & toute la ligne KL, esgale à toute la circonference du cercle proposé. Et que si ledict cercle A B C D, se tournoit comme vne roue de costé & d'autre, sur la grande ligne KA L, le poinct C, viendroit tomber sur K, ou sur L. Fay ainsi par tout, & trouueras la chose estre certaine & veritable.

4 *L'entiere reuolution d'vn cercle sur vne ligne droicte, esgale à toute la circonference, fait vn quadrangle longuet quadruple audict cercle, & cõtenant quatre fois autant que luy.*

LA suyuante figure demonstre clairement l'intelligence de la proposition: car le cercle A B C D, fait vne entiere reuolution sur la ligne A A, sur laquelle il est assis. Il est notoire que la grande ligne A A, sera esgale à toute la circonferẽce dudict cercle : parquoy tout le grand quadrãgle A C H A, sera quadruple au cercle, & chacun des quatre petits quadrangules, esquels le grãd est diuisé, comme A C E D, D E F C, C F G B, & B G H A, sera esgal l'vn à l'autre, & audict cercle A B C D.

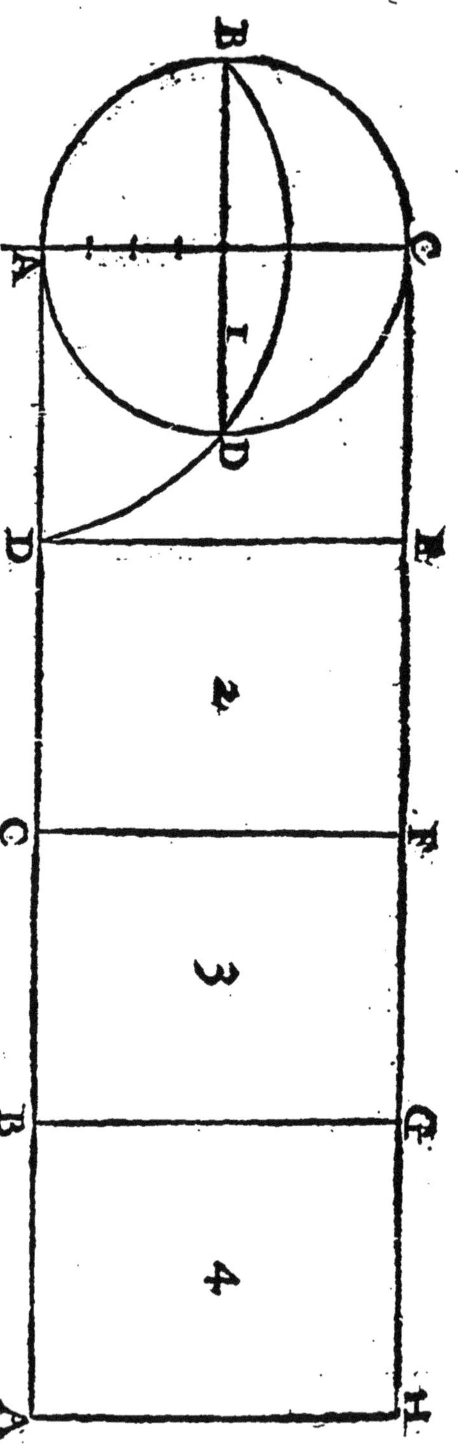

5 *La demie reuolution d'vn cercle faict en vn parallelogramme double au cercle, & la reuolution du quartier dudict cercle en faict vn esgal & pareil audict cercle.*

COmme il appert en la precedente figure, en laquelle le parallelogramme A C F C, qui est le demi tour du cercle, est double audict cercle. Et le parallelográme A C E D, est esgal & pareil audict cercle precisement.

6 *Le parallelogramme du diametre d'vn cercle, & de la quarte partie de la circonference, est au cercle esgal & pareil: & aussi est le parallelogramme du demy diamettre & de la demie circonference.*

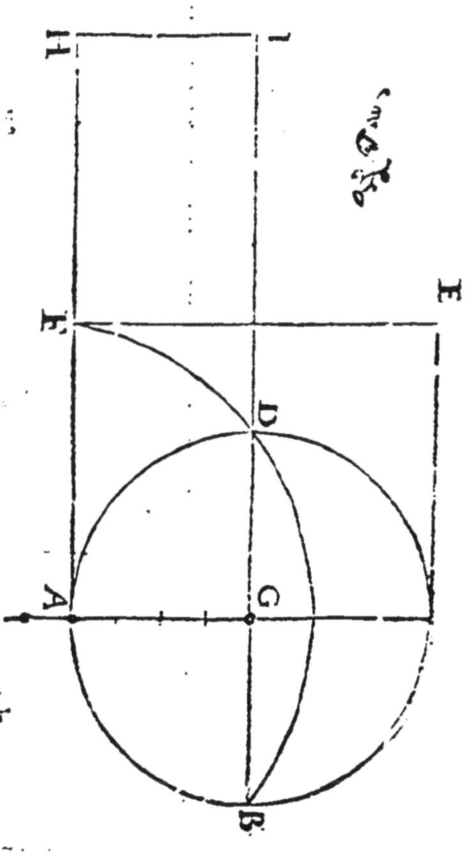

COmme il est demõstré en la presente figure, en laquelle le parallelogrã-me A C E F, faict du diametre A C, & de la ligne A F, esgale à la quarte partie de la circonference, est esgal au cercle A B C D. Semblablement & par pareille raison, le parallelogramme AGHI, qui est faict du semidiametre AG, & de la ligne AI, esgale à la demie circonference, est esgal & pareil audict cercle ABCD.

A tout cercle proposé faire vn vray quarré esgal & pareil. 7

CEste matiere laquelle le teps passé a esté inuestigable & fort difficile, & à laquelle trouuer plusieurs gens de grand sçauoir ont labouré & perdu temps, est de present

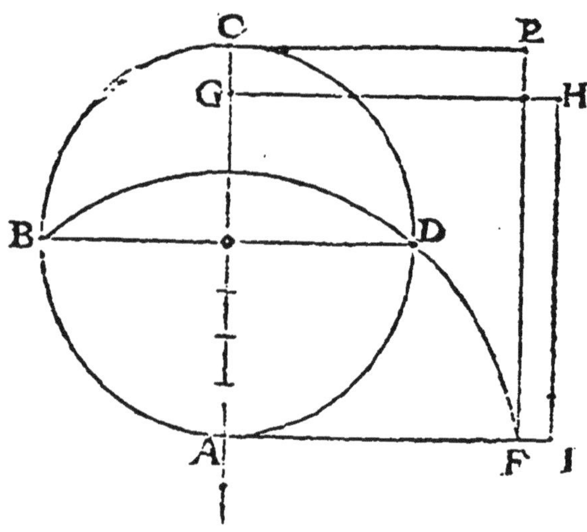

fort facile à trouuer : car depuis qu'on a vn quadragle ou parallelogramme esgal au cercle, il est facile de trouuer le vrai quarré esgal audict cercle, par la reductio du quadrangle (quel qu'il ſoit)au vray quarré.L'art & la ſcience de ce faire eſt deſſus declaree, & n'eſt beſoing de la repeter icy ne reſumer. Soit doncques comme parauāt le cercle propoſé ABCD,par la ſcience deſſus dicte, ie trouue que le parallelogramme ACE F,faict du diametre AC,&de la ligne eſgale à la quarte partie de la circonference A F, eſt eſgal audict cercle. Il faut dōcques reſoudre ledict parallelogramme, & le reduire à vn vray quarré: lequel ſoit AGHI.Ie dy que le quarré AGH I,ſera eſgal audict cercle ABCD.

8 *Trouuer art plus briefue & plus facile à reduire tout cercle proposé au vray quarré.*

SOit reiteree la figure precedente, en laquelle le ſemidiametre du cercle KA,ſoit diuiſé en quatre parties, comme deſſus a eſté dict. Et ſoubs ledict diametre adiouſtee vne quarte AL, tellement que la ligne AL, ſoit de cinq telles parties,dont ledict ſemidiametre KA,eſt quatre.Produy la ligne CE(qui eſt vn coſté du parallelogramme ACEF,) tant que tu voudras:puis tire la ligne LD,droictement iuſques à ce qu'elle diuiſe & rencontre la ligne CE,ſur le poinct M.Ie dy doncques, que la ligne CEM, ſera le vray coſté du vray quarré qu'on demande, lequel sera esgal au cercle proposé & assigné : cóme est le quarré A

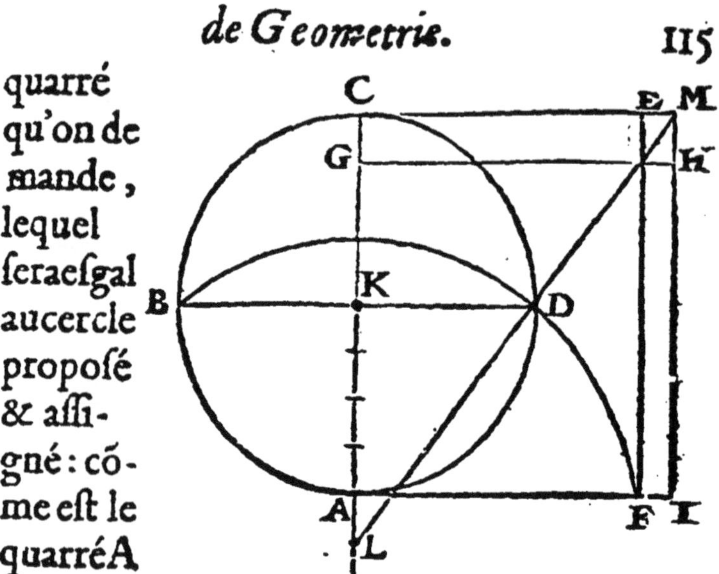

G HI, lequel est produict seló la ligne CEM.

A tout cercle assigné trouver son vray quarré à luy pareil & esgal. 9

SOit quelconque cercle assigné ABCD. Ie produy en luy deux diametres perpendiculairement soy intersecans sur le centre E. Puis ie diuise chacun desdicts diametres en huict parties esgales : & prolonge de

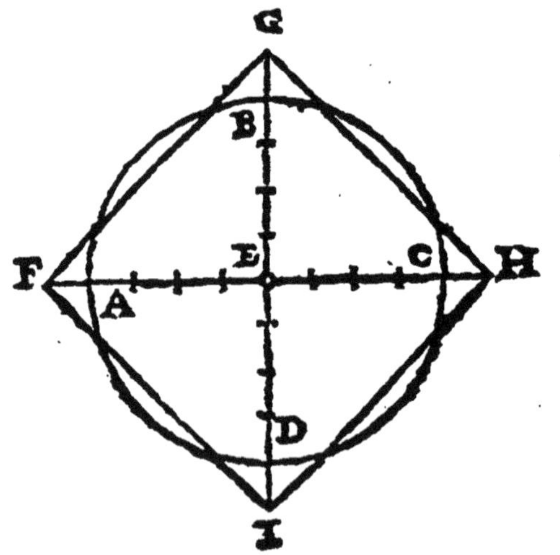

tous costez lesdicts diametres de la longueur d'vne huictiesme partie iusques aux poinctsF GHI,&parfai le vrai quarré sur lesdits points FGH I. Ainsi ie dy que ledit quarré est vrayement & necessairement esgal au cercle assigné. Et est ceste inuention fort belle & facile & certaine : iaçoit que sa demonstration n'est icy proposee ne mise par escript.

9 *A tout quarré assigné trouuer le cercle à luy pareil & esgal.*

CEste proposition est le retour & la conuerse de la precedente. Soit quelconque vray quarré proposé & assigné ABCD. Ie produy en luy deux diametres A C, & BD, soy intersecants sur le centre E. Puis ie diuise lesdicts diametres chacun en dix parties esgales. Puis sur le centre E, ie produy vn cercle F G H I, comprenant par tout huict parties desdicts diametres. Ie dy que ledict cercle sera tel qu'on demande, necessairemẽt esgal au quarré proposé & assigné.

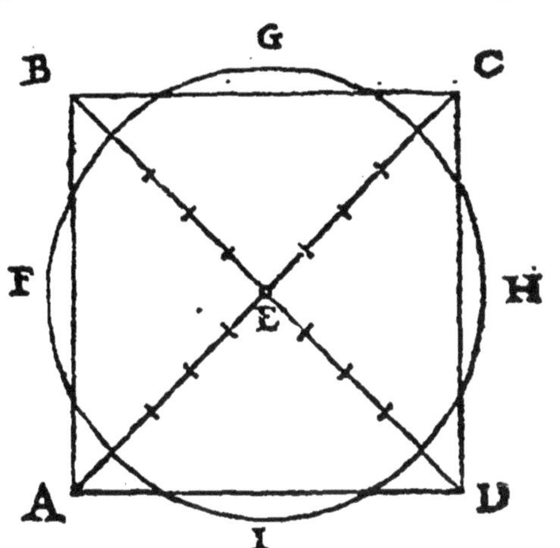

Si au-

Si au tour d'vn vray quarré on produit vn cercle circonscript audict quarré, toutes les lignes droictes produictes dedans ledict quarré de chacun angle au milieu des costez opposites, sont necessairement esgales à la quarte partie de la circonference dudict cercle. II

SOit vn vray quarré assigné ABCD: & soit vn cercle à luy circonscript ABCD. Ie diuise chacun costé dudict quarré en deux parties esgales sur les poincts FGHI. Et produy du poinct A, deux lignes droictes AG, & AH: lesquelles ie dy estre necessairement esgales à la quarte partie de la circonference du cercle ABCD, lequel est circonscript au quarré interieur ABCD. Et ainsi est des autres lignes, quãd on les voudra produire de chacun angle au milieu des costez opposites, comme BI, & BH: aussi CF, & CI. Puis

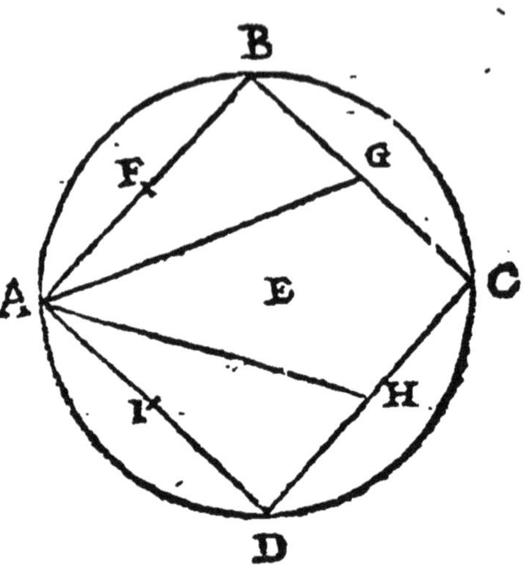

H

DF, & DG. Et a esté ceste proposition inuentee ceste annee à ma requeste par vn de mes amis, nommé Maistre Achaire Barbel, natif de Ham, & demeurant audict lieu, fort ingenieux à inuentions nouuelles seruantes à la Geometrie. Et par ceste proposition se peut facilement quadrer tout cercle, & aussi circuler tout vray quarré.

Pour resoudre toute ligne droicte proposee en vn quadrant, c'est à dire en la quatriesme partie de la circonference d'vn cercle.

NOus auons assez monstré comment le quadrant d'vn cercle, c'est à dire la quatriesme partie de la circonference se doit resoudre en vne ligne droicte: maintenãt faut

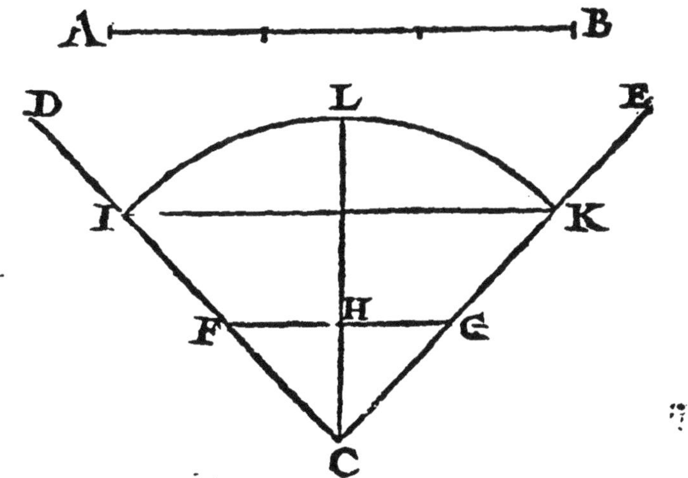

donner l'art du contraire, c'est à sçauoir

comment vne ligne droicte se pourra resoudre en vn quadrant de cercle. Soit doncques la ligne droicte proposee A B. Ie fay vn angle droict DCE, comprins par les lignes D C, & C E, de quantité incertaine: lequel angle ie party en deux, par la ligne C L. Puis ie diuise la ligne proposee A B, en trois, & en chacune ligne de l'angle droict D C E, depuis le poinct C, ie note vne tierce, comme C F, & C G, lesquelles seront deux tierces de la ligne A B. Puis ie tire la ligne F G, diuisant la ligne C L, sur le poinct H. Puis ie prens vne ligne droicte, esgale aux trois lignes C F, C G, & C H: laquelle (ou sa pareille) ie mets entre les lignes de l'angle droict D C E, tellement qu'elle soit equidistante à la ligne F H G, & soit ladicte ligne I K, sur laquelle, du centre C, (qui est le coing de l'angle droict proposé) ie produy l'arc I L K, lequel sera quadrant d'vn cercle, & sera esgal à la ligne assignee A B.

Pour mettre vne ligne droicte en vn angle, tellement qu'elle soit equidistante à vne autre, ligne, estant entre les lignes, comprenans ledict angle. 13

CEste proposition sert à la precedente. Soit doncques vne ligne droicte assignee A B, & pareillement vn angle droict G

D E, dedans lequel ſoit vne ligne droicte F G. Si l'on veut mettre ladicte ligne propoſee A

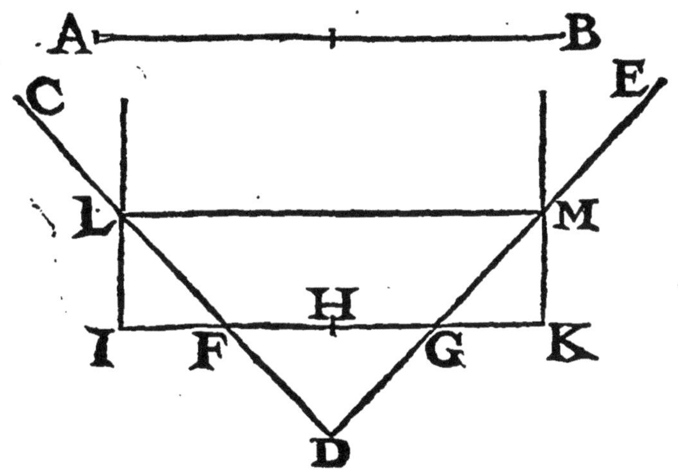

B, dedans & entre les lignes C D, & D F, cõprenans ledict angle, de ſorte qu'elle ſoit equidiſtante à la ligne F G, il faut prolonger la ligne F G, des deux coſtez, tant qu'on voudra. Puis il faut diuiſer la ligne F G, en deux moitiés, ſur le poinct H. Et en la ligne F G, faut prendre d'vn coſté & d'autre la moitié de la ligne A B, comme H I, & H K, tellement que la totale ligne I H K, ſoit eſgale à la ligne A B. Puis ſur les deux poincts I, & K, faut eſleuer deux perpendiculaires ſur I K, leſquelles diuiſeront les deux coſtez de l'angle C D E, ſur les poincts L, & M. Puis faut tirer la ligne L M, laquelle ſera celle qu'on demande, eſgale à la ligne donnee A B, & poſee entre les lignes ou coſtez de l'angle droict C D E, eſgalement diſtant à la ligne F G.

DES DIMENSIONS SOLIDES ET CORPO-relles appellees les corps Geometriques.

Chapitre cinquiesme.

ASSEZ auons parlé des figures ſuperficielles, autrement dictes plaines : il eſt temps de faire mention des dernieres & principales dimenſions ſolides & corporelles, appellees Corps Geometriques. Et premier faut parler des angles ſolides & corporels: comme en la proprieté des ſuperfices, les angles plats ſont principes des figures plaines & non corporelles. L'vne ſcience deſpend de l'autre: qui ſçait bien la proprieté des angles plats, il peut facilement ſçauoir la ſcience & la proprieté des angles corporels, & ſolides.

Vn angle ſolide & corporel a pour le moins trois ſuperfices, entre leſquelles il eſt comprins.

VN angle plat requiert, pour le moins, deux lignes cõcurrentes ſur vn poinct. Auſſi vn angle ſolide, pour le moīs requiert 3.

superfices, soy rencontrans & ioignans sur vn mesme poinct, comme cy apres sera declaré.

3 *L'angle solide & corporel est en trois especes, c'est à sçauoir droict, obtus, & agu.*

L'Angle plat a trois especes, aussi a l'angle solide: car il y a l'angle droict, l'angle obtus plus grand que le droict, & l'angle agu moindre que le droict: comme l'on verra cy apres quand nous ferons mention de chacun à part.

4 *L'angle solide droict est comprins & composé de trois angles plats droicts esleuez les vns sur les autres, & soy ioignans en vn mesme poinct, qui est le coing & chef dudict angle.*

CEcy appert clairement en la presente figure, ayãt trois angles droits, A B C, CBD, & D BE: lesquels eleuez perpendiculairement les vns sur les auytres, & soy ioin-

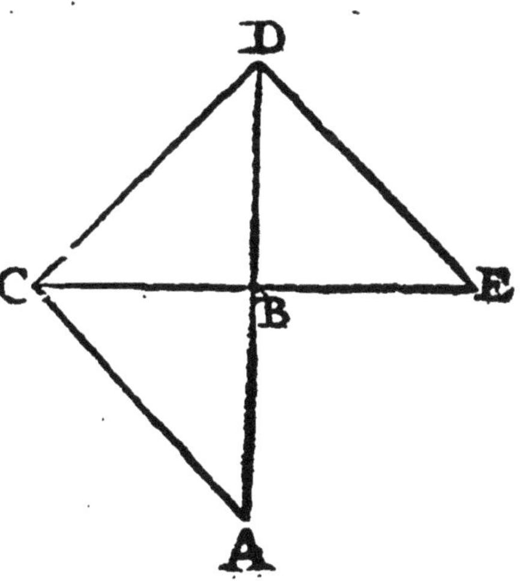

gnans sur le poinct B, feront vn angle solide & droict, duquel le coing & chef sera le poinct B.

Trois angles d'vn vray pentagone ioincts sur vn mesme poinct, font vn angle solide obtus, qui est l'angle d'vne figure nommee Dodecedron. 5

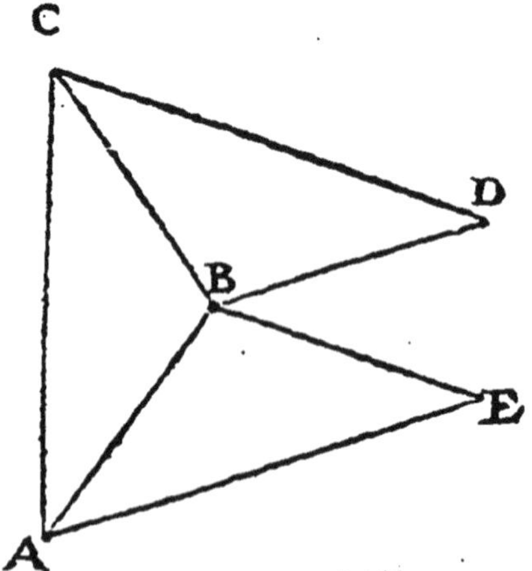

COmme trois angles d'vn vray quarré qui sont droicts, font l'angle solide droit, qui est l'angle d'vn vray cube: aussi trois angles d'vn pentagone regulier eleuez l'vn sur l'autre, & ioincts ensemble sur vn mesme poinct, font vn angle solide obtus, lequel est l'angle especial d'vne figure corporelle nõmee Dodecedrõ, de laquelle ci apres ferons mention. Comme sont les trois angles pentagoniques ABC, ABE, & CBD, lesquels ioincts ensemble font ledict angle solide duquel le chef & coing est le poinct B.

6 *Trois angles d'vn vrai isopleure font vn angle solide agu, du corps nommé Tetracedron.*

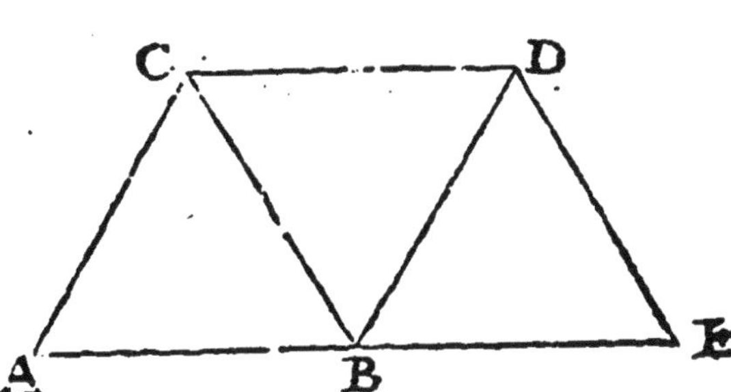

L'Angle d'vn vrai isopleure, est naturellemét agu, comme on ha dict cy deuant. Soient doncques trois angles isopleuriques ABC, CBD, & DBE, sur le poinct B. Ie dy que par leur eleuation, & coniunction sur le poinct B, sera faict & formé vn angle solide & agu : lequel sera l'angle d'vne figure corporelle nommee Tetracedron, aiant huict angles agus.

7 *Par quatre angles isopleuriques ensemble ioincts & eleuez l'vn sur l'autre, est faict & composé vn angle solide & droict du corps nommé Octocedron.*

COmme il appert en la presente figure, aiant quatre angles isopleuriques ABC, CBD, DBE, & EBF, ioincts sur vn mesme poinct, B, lequel sera le coing & chef de l'angle ſolide & droict composé & creé par leur eleuation. Et ledict angle ſolide ſera propre & eſpecial d'vne figure corporelle & reguliere, nõmee & appellee Octocedron, de laquelle ſera cy apres faicte mention.

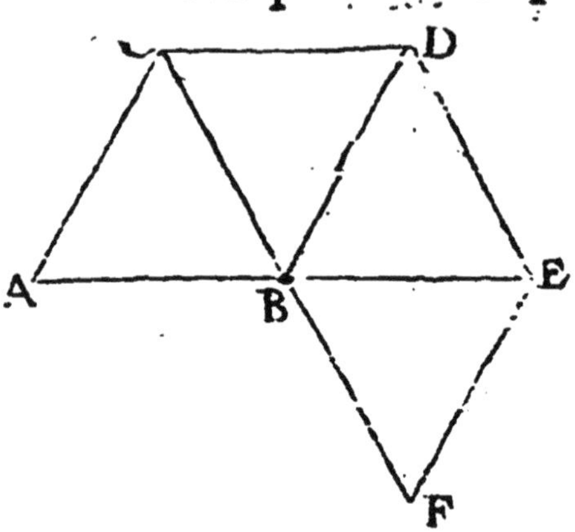

Par cinq angles iſopleuriques, eſt creé & composé le vray & regulier angle du corps nommé Icocedron lequel eſt obtus. 8

Comme il appert clairement en la preſente figure aiant cinq iſopleures ſur vn meſme centre B, lequel ſera le coing & chef de l'angle ſolide & regulier par eux composé & creé. Et ſera ledict angle obtus, propre & eſpecial a vne figure corporelle & reguliere nommee Icocedron, de laquelle ſera faicte mention en ſon lieu cy apres.

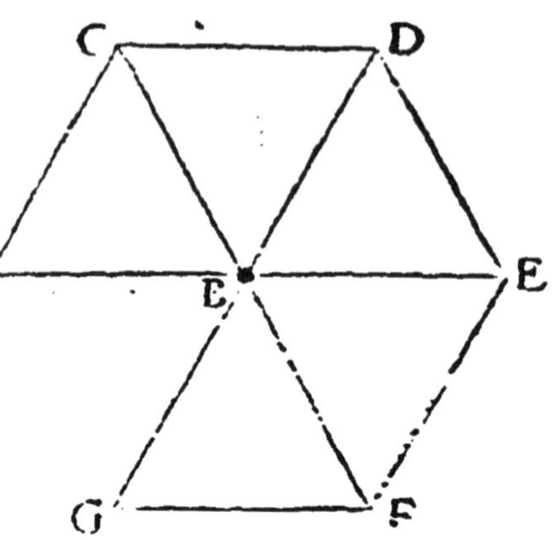

9 *Six angles iſopleuriques ne peuuent faire ou engendrer aucun angle ſolide.*

CEcy appert en la preſente figure, en laquelle les ſix angles iſopleuriques faicts ſur le poinct & centre B, font vn regulier hexagone AC DEFG, & rempliſſent tout l'eſpace qui eſt à l'enuiron, & autour du cẽtre B. Parquoy ne ſe peuuent aucunement eleuer ſur ledict poinct, pour faire l'angle ſolide d'aucune figure corporelle.

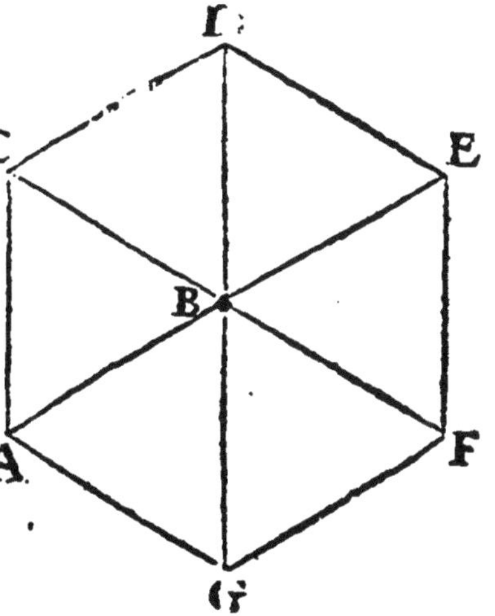

10 *L'angle de l'iſopleure peut en trois manieres procreer angle ſolide & regulier: c'eſt à ſcauoir ſur ſoy, ſur le vray quarré, & ſur le pentagone.*

COmme il appert en ces trois figures, dont la premiere a trois iſopleures ſur vn moyẽ iſopleure: leſquels par leur eleuatiõ ſur le moyẽ, qui ſera la baſe de l'angle ſolide, feront

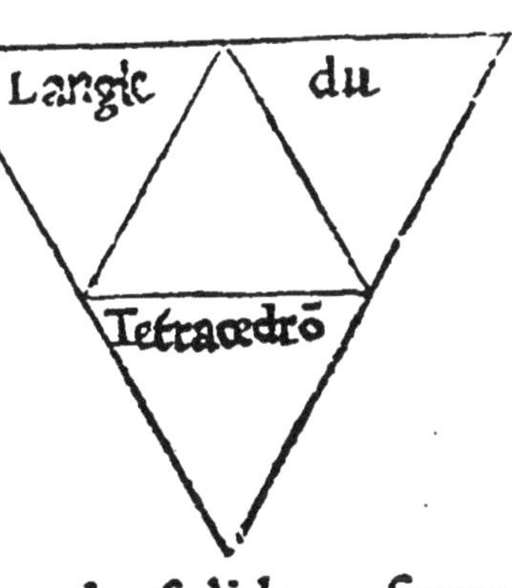

le regulier angle solide du tetracedron. En la secõde figure ya quatre isopleures sur vn vray quarré: lesquels par leur eleuatiõ feront l'angle du corps dict & nõmé Octocedron, & le quarré moyẽ sera la base dudict angle solide. En la troisiesme y a cinq isopleures sur vn moyen, pentagone lesquels regulierement eleuez ferõt sur ledit pentagone l'angle solide de l'icocedron. Parquoy l'isopleure peut en trois façons & manieres procreer angles solides, c'est à sçauoir sur soy, sur le quarré, & sur le pentagone.

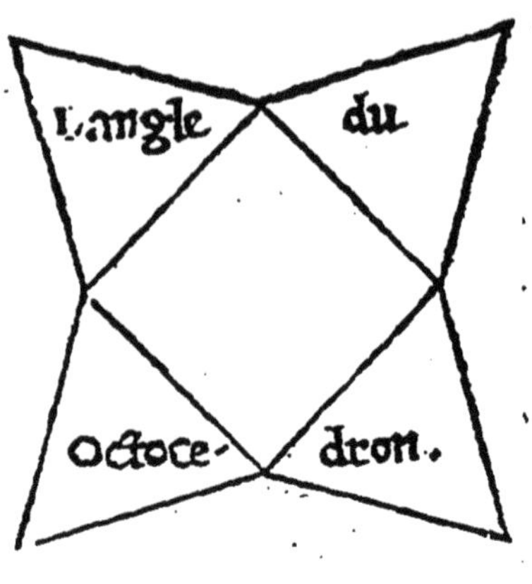

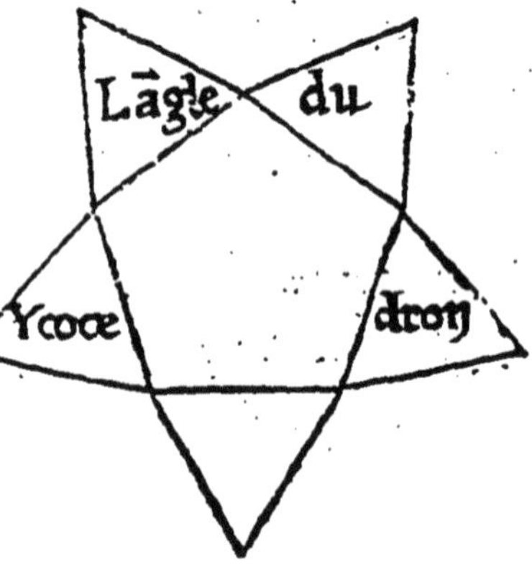

Six isopleures sur vn hexagone constituez ne peuuent faire vn angle solide. II

CEcy appert en la presente figure ayãt six vrais isopleures au tour de l'hexagone A BCDEF: lesquels, si on veut eleuer, ne pourront faire comble ne pignon haut sur ledit hexagone, ains reuiendront cheoir en plat sur ledict hexagone, & seront esgaux à luy, cõme on voit clerem̃et par les sixtriãgles interieurs, qui sont esgaux aux six exterieurs.

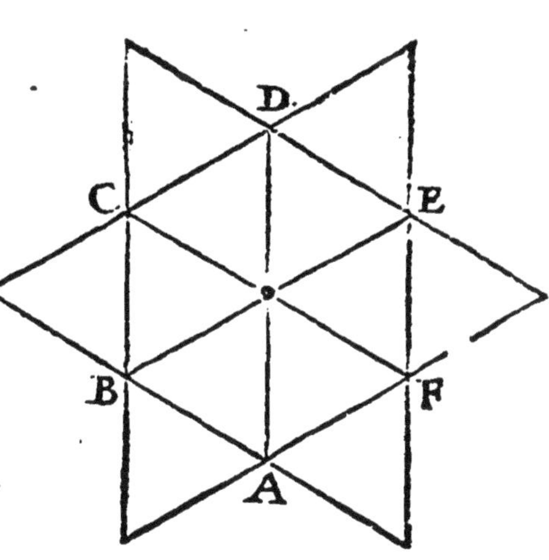

12 *Le vray quarré, & aussi le pentagone, ne peuuent faire ne comprendre figures solides & corporelles, que sur soymesme, & non sur autre figure plaine.*

Ce propos est declaré en ces deux figures. En la premiere on void quatre quarrez estãs dessus vn moyen quarré, lesquels par leur ele-

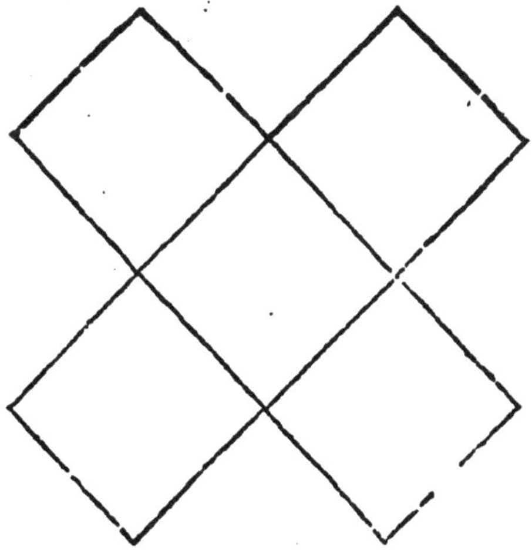

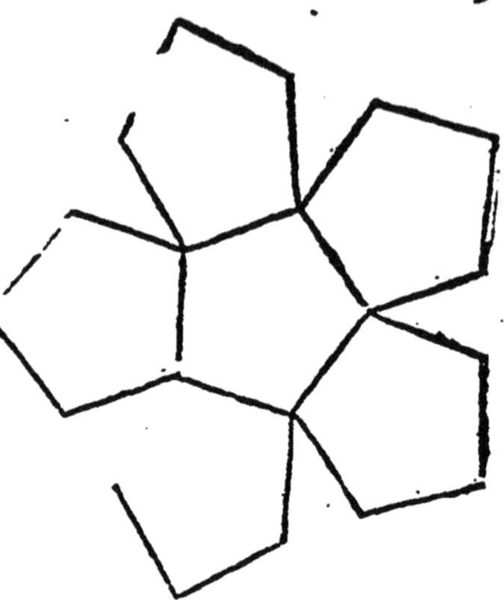

uation sur costez du moyen feront la closture d'vne figure corporelle & reguliere nõmee Hexacedrõ, autremẽt vn Cube. En l'autre figure faut entẽdre pareillemẽt des cinq pentagones estans sur vn moyen lesquels par leur eleuation feront la moitié d'vn corps regulier nommé Dodecedron. Autrement, & les quarrez & les pentagones ne peuuent faire ne comprendre figures regulieres, fors sur eux mesmes, & non sur autre figure : car leur puissance est simple & vnique : mais celle du triãgle est triple, comme il a esté dict cy dessus.

L'hexagone tant sur soy, que sur autre figure, ne peut constituer aucune figure corporelle. 13

La cause est, pour ce que six hexagones circomposez à vn moyen hexagone à eux pareil & esgal, ne laissent aucun espace vuide, ains remplissent le tout. Parquoy lesdicts hexagones ne peuuent auoir eleuation sur le moyen pour faire & constituer aucune figure corporelle : comme aussi auons dict cy deuant, que six isopleures au tour d'vn mesme poinct moyen ne se peuuẽt aucunement eleuer, ne constituer angle corporel.

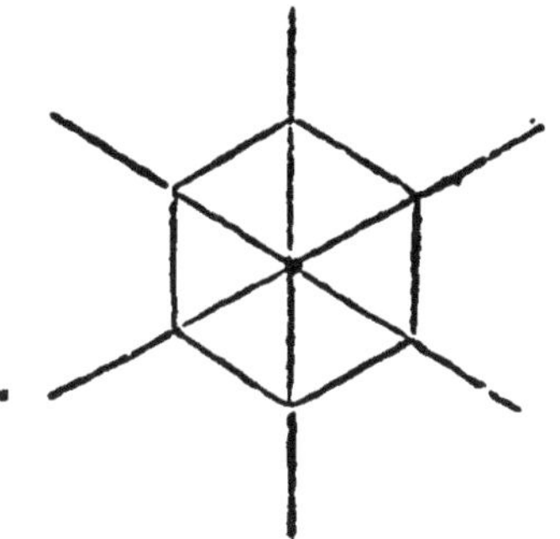

Et par ces figures se peut facilemẽt entẽdre tout le propos. On voidsix hexagones ABCDE F, à l'enuiron & au tour d'vn pareil hexagone G, remplissant tout l'espace, tellemẽt qu'il n'y a rien pour faire leur eleuation sur le moyen hexagone, par laquelle se peust faire & constituer vne figure corporelle.

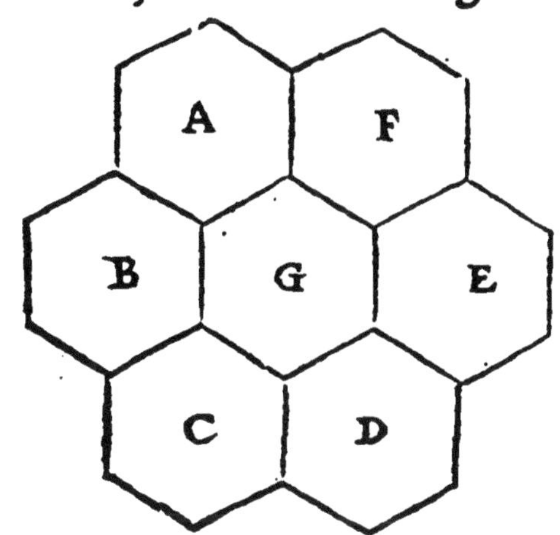

Il n'y a que six especes de figures solides & regulieres: vne spherique, & cinq angulaires. 14

COmme le cercle entre les plaines figures est la plus belle, & la plus naturelle: aussi est la sphere entre les figures solides & corporelles. Il n'y a que trois figures plaines, par lesquelles se puissent faire & former les figures solides & regulieres: c'est à sçauoir le triãgle, le quarré, & le pentagone, car l'hexagone n'y peut de rien seruir. Le triangle isopleure se peut faire en trois façons & manieres: le quarré, en vne seulement: & le pentagone aussi. Parquoy n'y a que cinq especes de figures solides, regulieres, & angulaires, lesquelles sont appellees Tetracedron, Octocedron, Icocedron, Hexacedron, & Dodecedron.

Tetracedron est clos & enuironné de quatre isopleures. 15

TEtracedron est la moindre corporelle figure de toutes les autres, & close & enuironnee de quatre isopleures: c'est à sçauoir de trois erigez en pignon, & de la base. Ledict tetracedron a six costez, trois montans en pignon, & trois en la base. Et a aussi quatre coings, qui sont les chefs de ses quatre angles: comme il est facile à veoir & cognoistre en la presente figure. En laquelle l'isopleure ABC, est comme la base: & les trois autres isopleures exterieurs quand ils seront eleuez sur ladicte base, & se ioindront en haut en vn mesme poinct, ils feront le pignon dudict tetracedron.

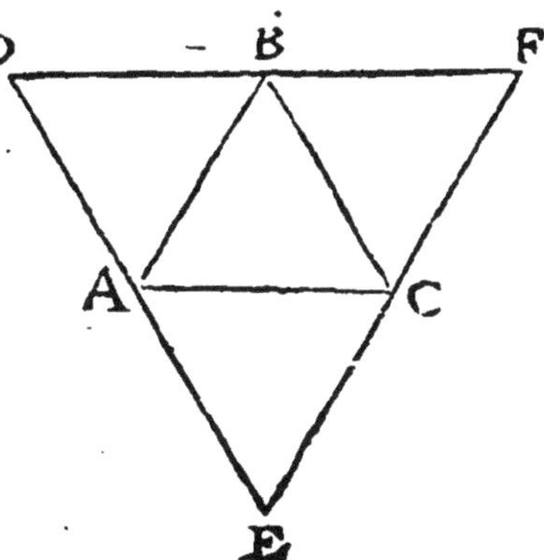

16 *Octocedron est clos & formé de huict isopleures: duquel le secteur diametral est vn vray quarré.*

SVr le quarré ABCD, on void quatre isopleures esgaux: lesquels si l'on veut esleuer en pignon, par eux sera faicte la moitié du corps octocedron, duquel le vray & diametral secteur, diuisant ledict octocedron en deux esgales portiõs, sera le quarré ABCD, ayãt vne portion dessus, & l'autre dessous. Le dict octocedron aura douze costez: c'est à

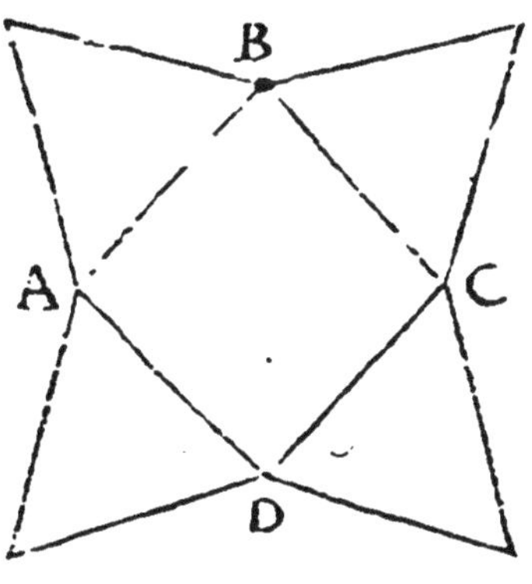

sçauoir

ſçauoir quatre en haut, quatre au milieu, & quatre en bas. Et aura ſix angles : vn en haut, quatre au milieu, & vn en bas.

17 *Icocedron eſt vn corps regulier, composé de trois portions, la haute, la baſſe, & la moyenne: & ont chacune des extremes portions cinq iſopleures, la moyenne dix, & le tour vingt.*

SVr vn pentagone cinq iſopleures eleuez en pignon, font vne portion de l'icocedron, ſoit la haute ou la baſſe: car les deux extremes portions ſont pareilles, & d'vne meſme quantité & figure. Et ſi entre deux lignes equidiſtantes, cõme ſont les lignes A D, & B C, on fait dix iſopleures de pareille quantité & grãdeur que les autres cinq eſtans ſur les deux pentagones, on fera la ceinture & moienne portion de l'icocedron: la-

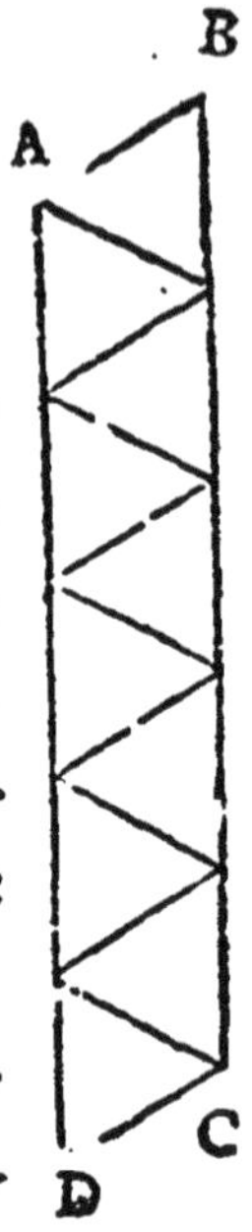

B
A
C
D

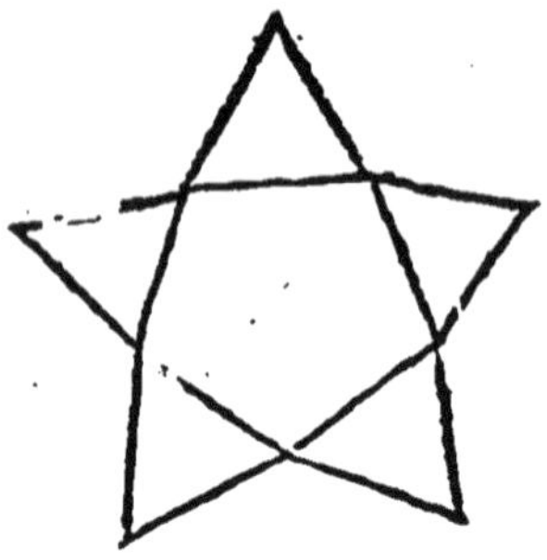

quelle se doit ployer & tourner en telle sorte que la ligne A B, vienne coincider & soy ioindre à la ligne C D.

18 *Hexacedron est cloz & enuironné de six vrais quarrez: & a en soy huict angles droicts, & douze costez.*

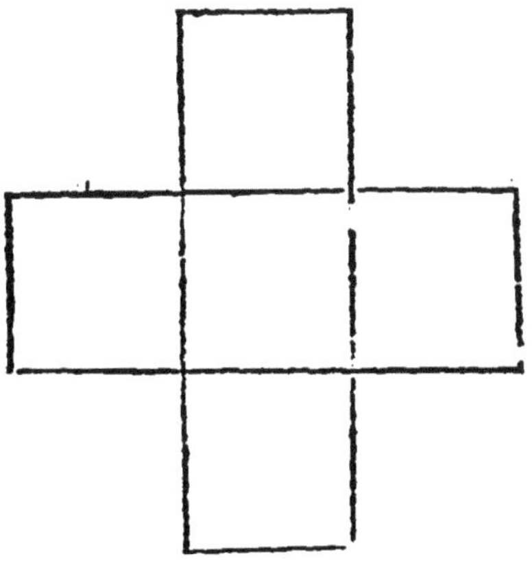

HExacedron (autrement cube) contient au tour de soy six vrais quarrez, & huit angles droits, & douze costez: c'est à sçauoir, quatre en haut, quatre en la base de bas, & quatre au milieu. Et est assez facile à cognoistre la nature & proprieté dudict hexacedron: car il est fort commun, & plus en vsage que les autres.

19 *Le diametral secteur du cube, est vn quadrangle nō quarré: duquel l'vn des costez, est le costé dudict cube, & l'autre est diametre de tous ces vrays quarrez.*

LE secteur diametral du cube ressemble à la ligne A B; diuisan ledit cube du haut

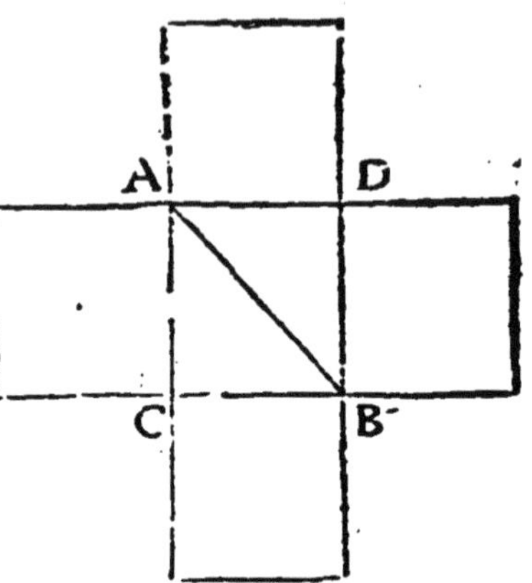

en bas en deux portiõs esgales. Et est ledit secteur vn parallelogramme lõguet: duquel l'vn des costez est le costé dudict cube, comme la ligne A C, ou D B: & l'autre costé est le diametre dudict parallelogramme, comme la ligne A B.

Le vray diamettre du cube est le diametre de son secteur diametral, procedant d'vn coing à son opposite. 20

COmme si le secteur diametral du cube est le parallelogramme ABCD: duquel l'vn des costez, comme A B, ou CD, soit pareil aux costez du cube, & l'autre costé cõme BC, & AD, soient comme le diametre de tous ses vrais quarrez: ie dy que le vray diamettre dudict cube sera la ligne BD, laquelle est le vray diametre de son secteur diametral, c'est à dire du parallelogramme ABCD. Et passera ledict diametre du cube, d'vn des coings parmy ledict cube, iusques à son opposite.

21 *En vn vray cube y a quatre diametres passans par le centre dudict cube.*

LEsdicts diametres sont procedans des quatre angles & coings superieurs, iusques aux quatre angles & coings inferieurs, chacun a son opposite diametralemẽt: & se rencontrent sur le vray centre dudict cube.

22 *Dodecedron est limité & clos de douze pentagones reguliers & esgaux, & se peut diuiser en deux portions chacune de six pentagones.*

COmme on peut clairement cognoistre par la presente figure, laquelle est la demie portion du vray dodecedron, ayant & contenant six pentagones reguliers, les cinq au tour & à l'enuiron du moyen interieur.

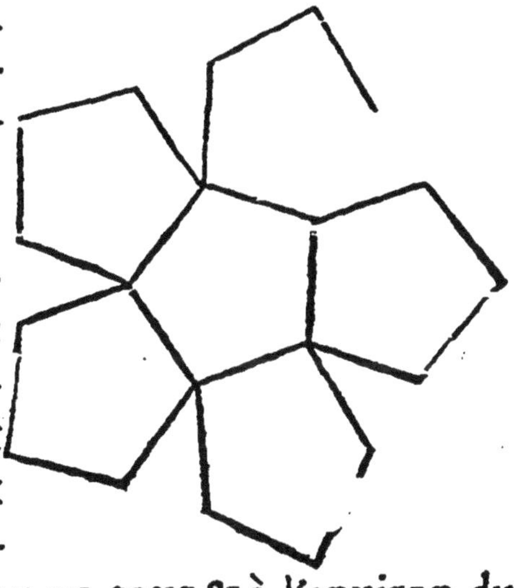

Le vray & regulier dodecedron a vingt angles solides, lesquels sont tous obtus, & si a trente costez. 23

LE dodecedron a cinq angles solides & obtus en la portion superieure, & pareillement cinq angles en celle qui est en bas, & dix angles au milieu en la coniontion des deux portions. Il a pareillement dix costez en la portion superieure, dix en celle qui est en bas, & dix au milieu sur la moyenne coniontion de ses deux portions.

La sphere est close & terminee d'une seule superfice, 24
distante esgalemẽt du centre: la science de laquelle est pareille & respondante à la science du cercle.

TOutes les figures solides & coporelles ont leur proportionnale relation aux figures plaines: & n'est qu'vne pareille science des vnes & des autres. La sphere respond au cercle: parquoy qui sçait les proprietez du cercle, il peut facilement sçauoir la nature de la sphere, sans en faire plus longue mention.

25 *Quelle proportion y a entre les diametres des spheres conferees ensemble, telle proportion y a entre leurs circonferences : mais la proportion de leur totalité ou capacité corporelle consiste en nombre cubique à ladicte proportion.*

QVand cy deuant nous auons parlé des cercles & de leurs comparaisons, nous auons mis vne pareille ptoposition, & n'y a difference fors que la proportion des cercles est double, & en nombre quarré, à la proportion de leurs diametres & circonferences. Mais entre les spheres, ladicte proportion est selon le nombre cubique: c'est à dire, que si les circõferẽces & diametres sont doubles les vns aux autres, cõme deux à vn, la

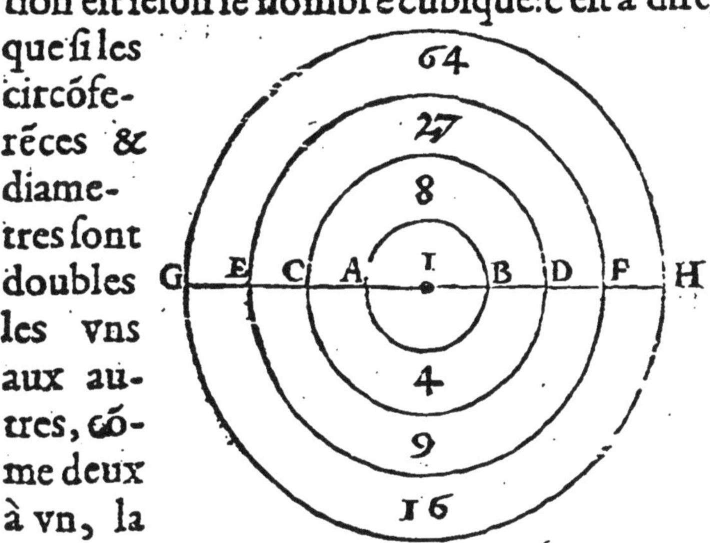

plus grande sphere sera à la petite, comme

huict à vn: car huict est le nombre cubique de deux: pource que deux fois deux, font quatre: puis deux fois quatre, font huict. En nature doncques de cercle le cercle CD, est quadruple au cercle AB: pource que les diametres & circonferences sont en double proportion. Mais en nature spherique, la sphere CD, sera octuple, & contiendra huict fois autant que la sphere AB. Car tout ainsi qu'en nature de cercles il faut quadrer la proportion des circonferences & diametres: pareillement en nature de sphere faut cubiquer ladicte proportion: comme la sphere EF, conferee à la sphere AB, contiendra vingt & sept fois autant que ladicte sphere AB, pource que son diamettre EF, est triple au diametre AB. Car le nombre de vingt & sept, est le vray cube de trois. Et ainsi faut entendre des autres.

Toutes figures corporelles de pareille espece estans les vnes dedans les autres, par esgal excez sont en continuelle proportion de nombres cubiques. 26

CEste proposition est fort belle & vtile, & generale à toutes especes de figures corporelles: & se peut facilement entendre par la propoſition precedente, & auſſi par celle qu'auons mis des cercles, & à toutes figures plaines eſtans egalement les vnes dedans les autres. L'encyclie des cercles ſe fait par les nombres quarrez, comme ſont vn, quatre, neuf, vingt cinq, trente-ſix, & ainſi conſequemment. L'encyclie des figures corporelles ayans lõgueur, largeur & profondeur, s'entreſuit & multiplie ſelõ les nombres cubiques: cõme ſont vn, vingt ſept, ſoixantequatre, & ainſi conſequemment, comme auons cy declaré en ces figures: leſquelles ſi on entend eſtre plaines, leur

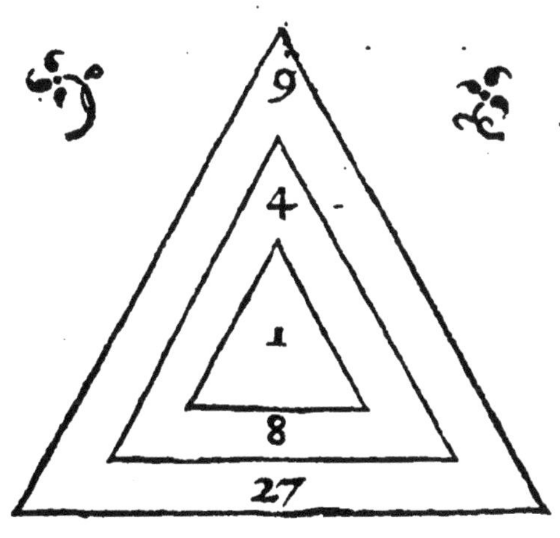

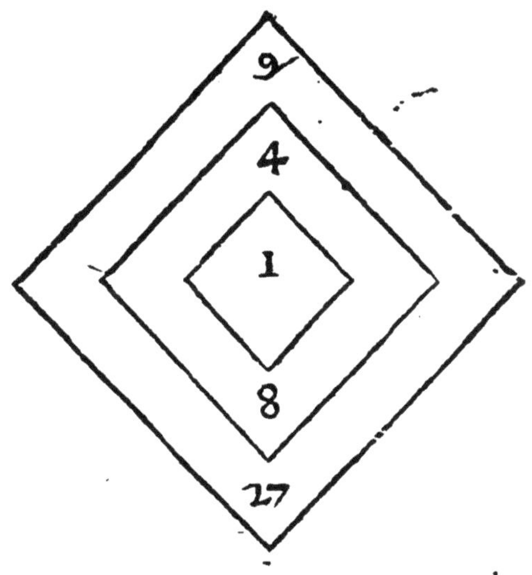

encyclie ſe conduit par les nombres quarrez, leſquels auons deſcripts tirant en haut: & ſi on entend qu'elles ſoient figures corporelles, ladicte encyclie ſe doit augmenter par les nombres cubiques, leſquels ſont deſcripts tirans en bas.

Les inſcriptions & circonſcriptions des figures corporelles & angulaires dedans ou au tour de la 27
ſphere, ſont en telle & pareille proportion, qu'auons dict des cercles, & des figures angulaires.

DEux triangles diſtans par l'interpoſition d'vn meſme cercle (comme ſont ABC, & DEF) ſont en quadruple proportion. Et pareillement deux cercles diſtans par l'interpoſition d'vn meſme triangle entre deux. Auſſi deux vrais quarrez diſtans par vn meſme cercle interpoſé, sõt en double proportion: & pareillement deux cercles diſtãs

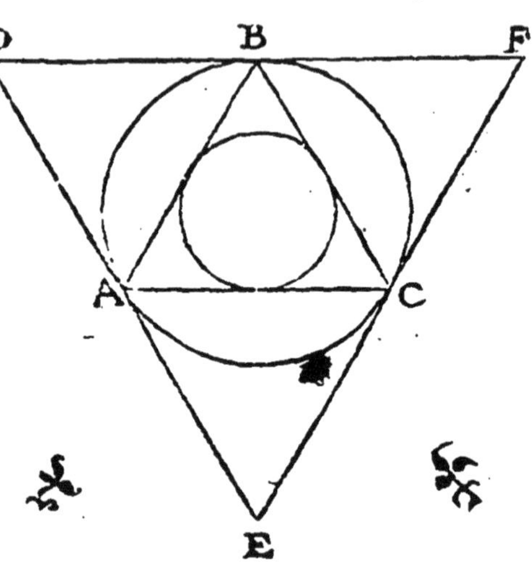

par vn mesme quarré. Parquoy ie dy que les figures corporelles respondans ausdites figures angulaires, & au cercle, comme sont le tetracedron, & hexacedron, & la sphere, sont les vnes aux autres en pareille proportion, par leur inscription & circonscription.

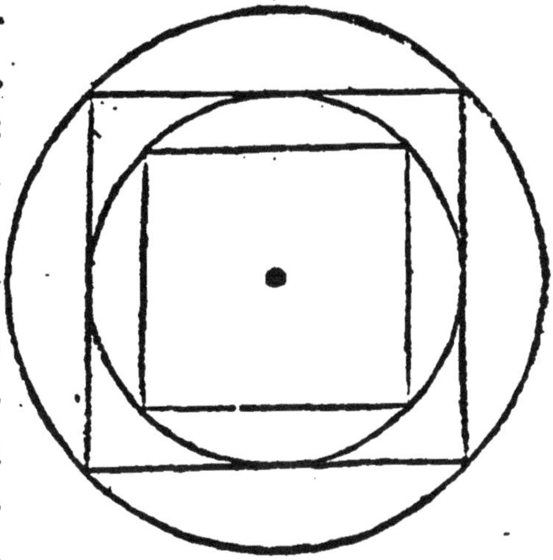

DE LA CVBICATION DE LA SPHERE.

Chapitre ſixieſme.

La cubication de la ſphere eſt pareille & reſpondan- 1
te à la quadrature du cercle.

LA ſphere reſpond au cercle,& le cube au vray quarré. Parquoy c'eſt vne meſme ſcience de quadrer le cercle, & de cubiquer la ſphere, c'eſt à dire, de trouuer vn cube pareil & eſgal à toute ſphere propoſee. Qui ſçait l'vn, il ſçait l'autre. Et ſe doit on aider pour cubiquer la ſphere propoſee, des figures leſquelles auons premiſes en la quadrature du cercle. Iadis n'eſtoit trouuee la quadrature du cercle: auſſi ne ſçauoit on la maniere de cubiquer la ſphere. Et eſtoit vne meſme & pareille difficulté aux anciens, laquelle à preſent eſt oſtee.

2 Le parfaict tour & entiere reuolution d'vne sphere, tournant sur vne ligne droicte, engendre vne ronde colonne, contenant quatre fois autant que ladicte sphere.

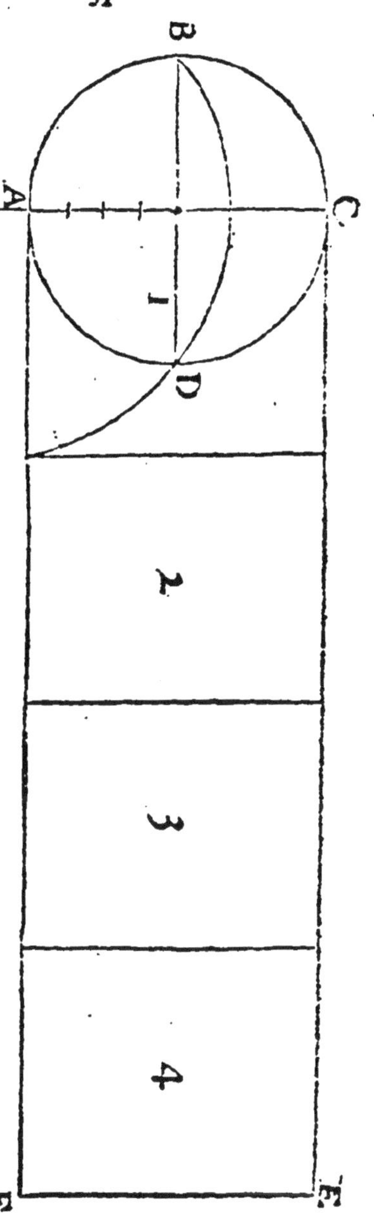

NOus auons mõstré & figuré en la quadrature du cercle, que la reuolution entiere d'vn cercle sur vne ligne droicte (cõme si vne roue tournoit sur vne plaine) fait vn parallelogramme cõprenant quatre fois autant que le cercle: comme si on entend le cercle ABCD, tourner sur la ligne A F, representant la plaine: ie dy que quand le point A, retournera en bas sur la plaine, & se viendra ioindre au poinct F, la reuolutiõ entiere du dudict cercle sera le parallelogramme ACEF, contenant quatre fois autant que tout le cercle : & que toute la ligne AF, sera esgale à la circonference ABCD: & chacun des quatre parallelogrammes, esquels le grand est diuisé, sera esgal au cercle. Parquoy faut ainsi entendre de la reuolution d'vne sphere sur vne mesme ligne droicte, laquelle en lieu d'vn parallelogramme fera vne ronde colonne representee par le parallelogramme ACEF : & sera ladicte colonne quadruple à ladicte sphere, comprenant quatre fois autant. Et pour trouuer les poincts de la reuolution de la sphere, faut faire ainsi qu'auons faict en la reuolution du cercle : en diuisant le semidiametre en quatre parts, puis soubs le cercle adioustant vne quinte, cõme l'on peut veoir en la precedente figure.

3 *Pour trouuer vne sphere esgale au cube proposé, faut faire ainsi qu'auons faict du cercle esgal au vray quarré.*

NOus auons donné la maniere de cuber ou cubiquer la sphere proposee: icy se propose le contraire, pour trouuer vne sphere esgale à tout cube proposé. Et faut faire ainsi qu'auons faict cy deuant du cercle & de la sphere : en diuisant chacun costé du quarré propo ſé, en quatre parties : puis par les extremes parties de chacun coſté deſcriuant le cercle, lequel ſera egal au quarré propoſé: comme

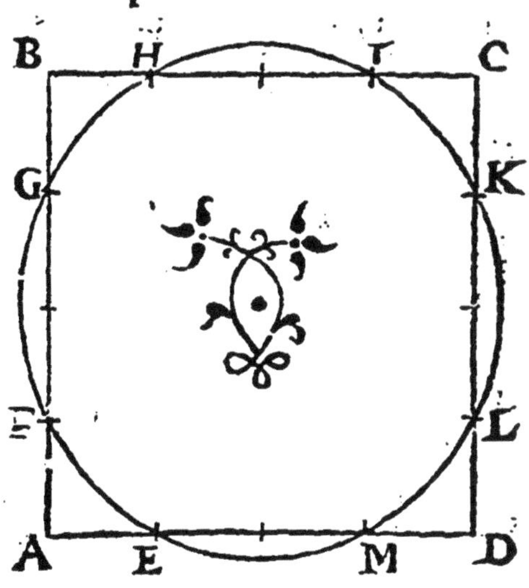

il appert en la preſente figure, en laquelle le cercle EFGHIkLM, eſt eſgal au quarré AB CD, qui eſtoit premier propoſé. Parquoy ſe faut ainſi reigler qui veut ſpheriquer vn cube, c'eſt à dire, pour trouuer vne ſphere eſgale à tout cube propoſé.

4 *Toute ronde colonne de laquelle les baſes ſont eſgales au cercle ſecteur de la ſphere, & la haulteur d'icelle eſgale à la quatrieſme partie de la circonference dudict ſecteur, eſt eſgale à la ſphere.*

LE cercle ſecteur d'vne ſphere, eſt le cercle du milieu, diuiſant icelle eſgalement en deux: & ſe peult autremẽt appeller L'horizon d'vne ſphere. Et eſt le plus grand cercle qui ſe peult tirer dedans vne ſphere: comme le diametre eſt la plus grãde ligne qui ſoit dedans le cercle, diuisant iceluy en deux parties esgales. Les bases d'vne ronde colonne, sont les deux cercles extremes sur lesquels elle repose d'vn costé & d'autre. La haulteur d'vne ronde colonne, c'est la ligne droicte estant perpendiculairement au milieu sur ces deux bases, & appliquant à leurs centres, laquelle autrement se peult appeller en Latin Axis, ou le cathet de la sphere. Ie dy doncques, si vne ronde colonne a les bases esgales à l'horizon ou au cercle secteur d'vne sphere, & sa haulteur ou son cathel est esgal à la quarte partie de la circonference dudit secteur, que ladicte colonne sera esgale à ladicte sphere: comme on peult veoir en ceste figure, en laquelle le cercle A B C D, represente vne sphere: & le parallelogramme A C E F, representera la ronde colonne esgale à ladicte sphere: car les bases de ladicte colonne seront entendues par les lignes A C, & E F, lesquelles seront esgales au cercle A B C D, secteur de la sphere: & le cathet de la colonne sera representé & entendu par la ligne

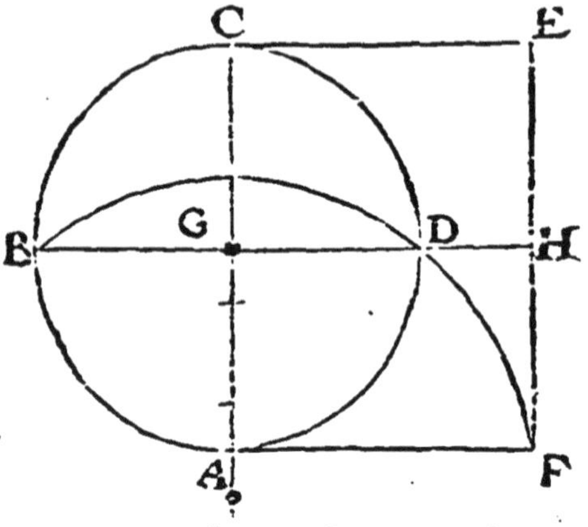

du milieu, comme par GH, laquelle sera esgale à la quarte partie de la circonference du secteur de ladicte sphere, c'est à dire, à la ligne AF, laquelle selon la quadrature du cercle sera esgale à l'arc AD, qui est la quarte partie de la circonference du cercle ABCD.

5 *La superficiale circonference d'vne ronde colonne esgale à la sphere est double à toute la superficiale & exterieure circonference de ladicte sphere.*

COmme si vn tabourin, qui est figuré en ronde colonne, est esgal à vne grosse boulle spherique: ie dy que la superficiale circonference dudict tabourin (comme le bois duquel il est vestu & tourné) sera double à toute la closture & superficiale circonference de toute ladicte boulle spherique à luy esgale.

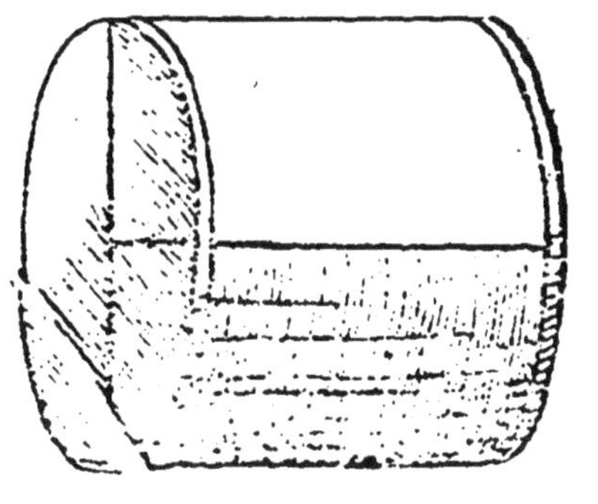

6 *Toute la superficiale circonference d'vne ronde colonne esgale à la sphere, est esgale à vn vray quarré, duquel le costé est la moitié de la circonference du secteur de ladicte sphere.*

CEcy appert clerement, pour ce que le cathet de ladicte colonne est esgal à la quarte

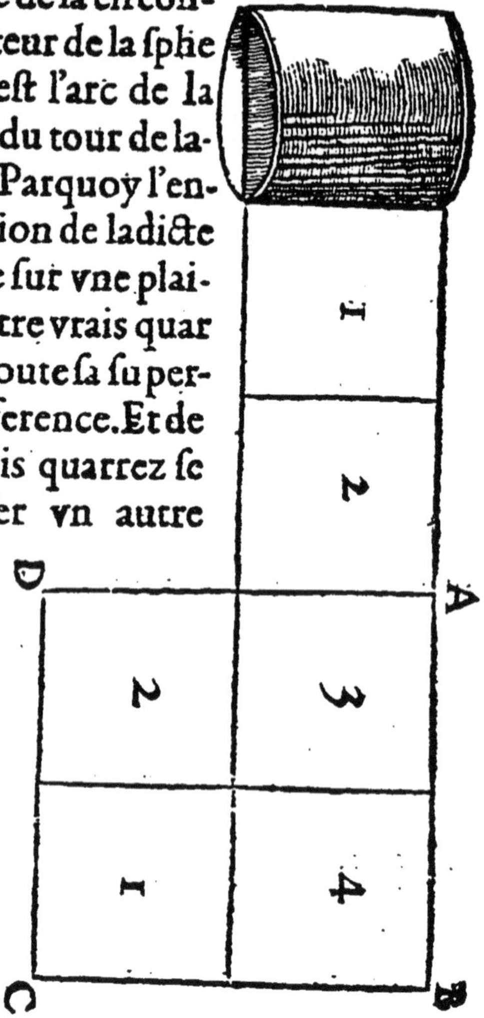

quarte partie de la circonferēce du secteur de la sphere : & aussi est l'arc de la quarte partie du tour de ladicte colōne. Parquoy l'entiere reuolution de ladicte ronde colōne sur vne plaine, feroit quatre vrais quarrez esgaux à toute sa superficiale circonference. Et de ces quatre vrais quarrez se peut composer vn autre vray quarré: comme est ABCD duquel chacun des costez est esgal à la demie circonferēce tant de la rōde colonne, que de la spere à luy esgale.

8 *La superficiale circonference de toute sphere est esgale à vn parallelogramme longuet, duquel l'vn des costez est le quart, & l'autre costé est la demie circonference de son secteur.*

CEste propositiō est assez notoire par la precedente figure, car la superficiale circonference d'vne ronde colonne esgale à la sphere (comme auons ia dict) est double à la circonference de ladicte sphere. Parquoy la circonference & superficiale couuerture de la sphere, sera comme la moitié du grand quarré ABCD, lequel contient quatre vrais quarrez, & sa moitié en comprend deux: lesquels vaudront autāt & non plus, que la totale circonference de ladicte sphere.

9 *Si vne ronde colonne & vne ronde pyramide sont de pareilles bases & de pareilles hauteurs, la colonne sera triple à la pyramide.*

COmme si la colonne ABCD, qui est rōde, & la rōde pyramide EFG, sont de pareille hauteur, & entre lignes equidistantes, & aussi de pareilles bases: il est de necessité que la colonne ABCD, soit triple à la pyramide EFG, & que elle contienne trois fois autant. Le cathet de la colonne sera comme la ligne HI, appliquant sur les centres de ses 2 bases perpẽdiculairemẽt. Et le cathet de la pyramide sera comme la ligne K F, perpendiculaire sur le cẽtre de la base, & appliquant au pignon & coing de ladicte pyramide qui est le poinct F.

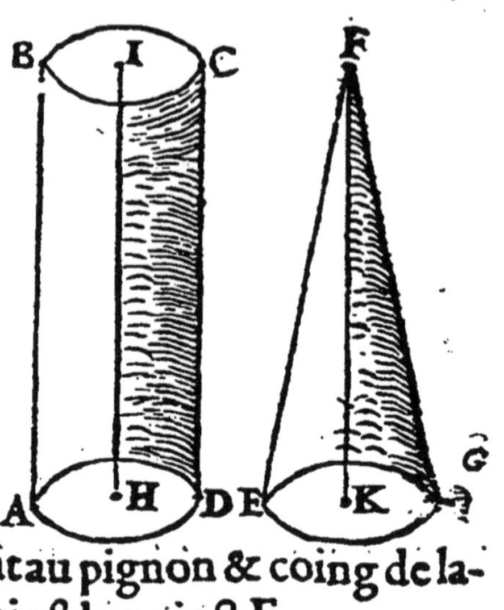

La couuerture & superficiale circonference de la ronde colonne, est double à la couuerture & superfice exterieure de sa ronde pyramide. 9

CE propos se peut facilement entendre par la presẽte figure: en laquelle le parallelogramme AB CD, representãt vne colonne, est double au triangle AED, par lequel est representee sa pyramide de pareille base, & d'vne mesme hauteur. Et par ce appert clerement, que la couuerture d'vne ronde pyramide est esgale à la couuerture & superficiale circonference de la sphere, ayant le secteur es-

B E C

A D

gal à la base de ladicte ronde pyramide: car il est dict cy deuant, que la superficiale circonference de la ronde colonne est aussi double à la circonference de sadicte sphere. Parquoy celle de la sphere, & de la ronde pyramide, sont esgales l'vne à l'autre.

10 *En toutes figures angulaires se peuuent creer & constituer pyramides & colonnes, lesquelles seront denommees par leur bases.*

TOutes pyramides sont corps irreguliers, fors le tetracedron. Et pareillemēt toutes colonnes sont irregulieres, fors le cube nommé hexacedron. Et se peuuent former colonnes, & pyramides irregulieres en toutes especes de figures angulaires, comme sur triangles, quadrangles, pentagones, hexagones, tant reguliers que irreguliers. Et seront denōmees selon la nature & proprieté de leurs bases, triangulaires, quadrangulaires, pentagoniques, ou hexagoniques. Le seul tetracedron est reguliere pyramide triangulaire, close & fermee de quatre isopleures, & le seul hexacedron est colōne reguliere quadrangulaire, close & fermee de 6 vrais quarrez à l'ētour. Les autres colonnes & pyramides sōt toutes irregulieres pour raison de leur inequalité.

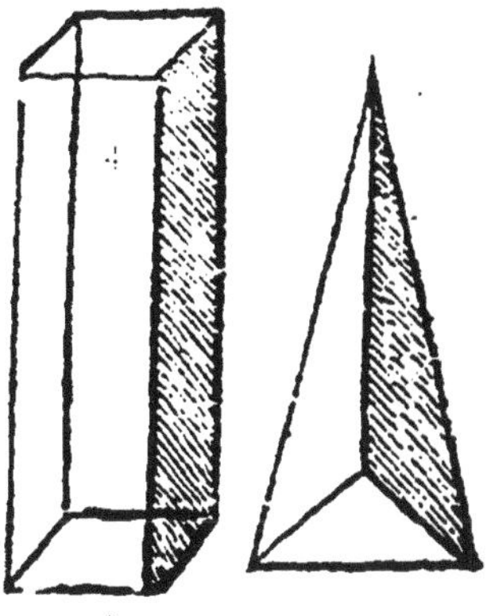

Demandes sur les figures corporelles creuses ou vaisseaux.

Comment se pourroient faire plusieurs vaisseaux en pierre, ou en bois, ou en fer, ou en autres matieres, contenans autant les vns que les autres, & de diuerses figures. 11

CE propos de prime face est difficile, & impossible aux ouuriers en quelque matiere que ce soit, s'ils ne sçauent par l'art de Geometrie trouuer les mesures: car d'y proceder à tastons ou à l'aduẽture, ce seroit chose longue & trop fascheuse, & n'y pourroient paruenir. Mais par ce qu'auons dict n'a guere de la cubication de la sphere, & de la reduction de la sphere en cube, & pareillement de la colonne & de la pyramide, se pourra facilement faire & trouuer ce qu'on demande.

Comment se doit faire vn vaisseau demy rond (comme vn chauderon) esgal à vn vaisseau ou bac quarré de tous costez. 12

CE propos despend de la cubication de la sphere, & de sçauoir reduire la sphere en vn cube: car la demi sphere ressẽble à vn chau dron comme le cube ressemble à vn vaisseau quarré. Et pour ce faire, il faut prẽdre les mesures (selon la doctrine precedẽte) de la sphere esgale à vn cube, ou au cõtraire, d'vn cube,

esgal à la sphere: & facilemẽt on fera les deux vaisseaux tels qu'on demande, contenans autant l'vn que l'autre.

13 *Pareillement comment se feront deux vaisseaux esgaux, l'vn en forme d'vn tabourin, l'autre en figure poinctue, contenans autant l'vn que l'autre.*

CEcy despend de la ronde colonne, & de la ronde pyramide: car vn tabourin, ou vn seau, ou vne boiste, tient la vraye figure d'vne ronde colonne. Et vn vaisseau poinctu tient la forme d'vne ronde pyramide. Parquoy qui sçait la proprieté des deux & leur proportion, & les esgaler, facilement fera ce qu'on demande. Et non seulement pourra faire deux vaisseaux tels qu'icy sont figurez, ou esgaux, ou en certaine proportion, mais en fera quatre, l'vn cõme vn chaudron rond comprenant demy sphere, l'autre comme vn cube quarré tant en fond que de tous costez, les autres en forme de ronde colonne, & de ronde pyramide,

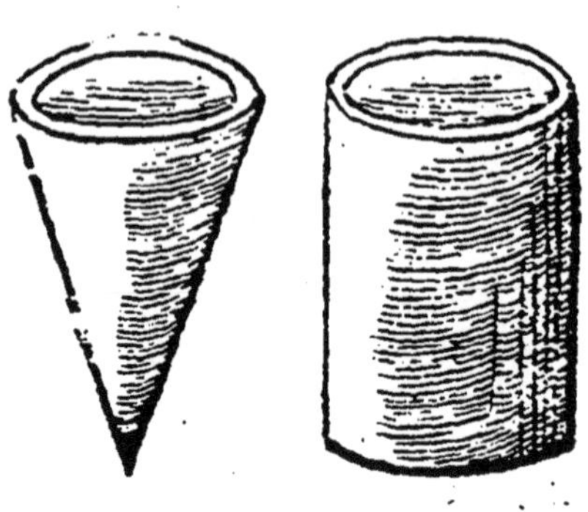

comme l'on a proposé en la demande & question dessusdicte.

La couuerture de la ronde pyramide ne se peut resoudre en vn cercle entier, fors seulement en quelque portion du cercle. 14

COmme on void en la presente figure AB C, laquelle est vne portion de cercle, & se peut plier en rondeur pour faire la forme de la couuerture d'vne tour, ou d'vne rõde pyramide, de laquelle le pignon & chef superieur sera le poinct B, & les deux lignes AB, & BC, serôt vne meſme ligne. Vn cercle entier ſans quelque petite breſche (comme eſt icy figuree la breſche D E F,) iamais ne ſe pourroit tourner en angle rond, n'à faire pauillon ou couuerture de ronde pyramide, ne paruenir en pignon. Pareillement au contraire le pauillon ou couuerture d'vne ronde pyramide iamais ne ſe pourra eſtendre ne reſoudre en vn cercle entier: ains ſeulement en la portion d'vn cercle telle qu'il aduiendra, ſoit en vn quadrant, ou en demy cercle, ou en la plus grande portion du cercle, ou autrement.

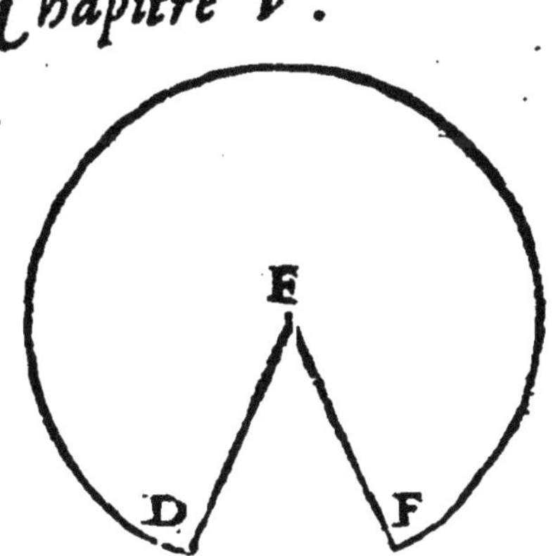

15 *D'autant que la portion du cercle eſt plus grande, d'autant eſt l'angle du pignon de la ronde pyramide plus large, & plus obtus: & d'autant qu'elle eſt plus petite, d'autant ledict angle eſt plus eſtroict & agu.*

CEcy eſt facile à entendre. Quand vn apoticairé ou autre marchand taille ſon papier pour faire vn cornet à mettre pou-

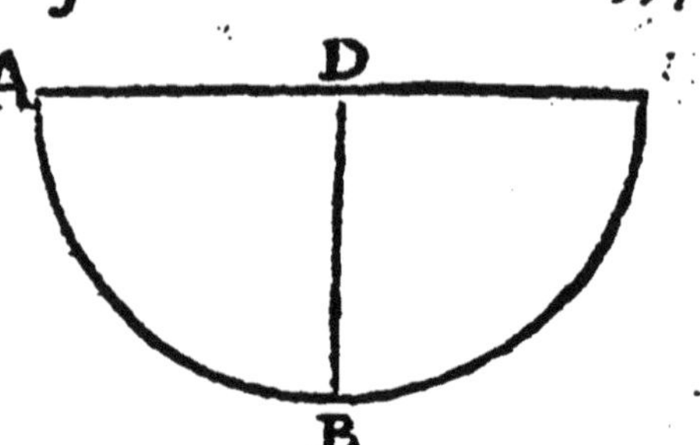

dre, d'autant que le papier sera en plus grande portiõ de cercle, d'autant sera ledict cornet plus large, & de plus grande capacité: comme s'il plie seulement vn quadrant de cercle en figure de cornet, ledict cornet sera plus estroict & de moindre capacité que s'il plie tout le demy cercle, ou autre plus grãde portion. Et s'il tailloit son papier en forme d'vn cercle entier, il ne le sçauroit tourner en cornet, selon ce que nous auons dict en la proposition precedente : car le centre d'vn cercle entier ne peut faire angle ne pignon sur la circonference s'il n'y a bresche & ouuerture pour tourner la portion du cercle en forme de cornet. On le void aussi clerement en vne robe, laquelle bien despliee & estenduë sur quelque plaine, se tourne en ronde figure : mais non sans bresche ne sans couuerture, laquelle ne fait vn cercle entier.

16 *Si vn clocher en forme de pyramide ronde, est assis sur vne tour de pareille rondeur & hauteur: ladicte tour sera triple au clocher, & contiendra trois fois autant.*

CEste proposition est declaree & mise parauant, quand nous auons dict que toute ronde colonne est triple à sa pyramide, c'est à dire à la pyramide qui est pareille en largeur & en hauteur. Parquoy aussi vn clocher rond assis sur vne tour ronde de pareille hauteur & largeur, est la tierce partie de ladicte tour: cõme si l'on entend la tour par le parallelogramme ABCD, & le clocher par le triãgle BEC, qui soit de pareille hauteur à la tour, exprimee par les lignes FG, & GE, mesurans les hauteurs des deux: ie dy que la tour ABCD, contiendra trois fois autant que la pyramide du clocher BEC, & vaudra l'ouurage tant en maniere qu'en salaire de l'ouurier, trois fois autant.

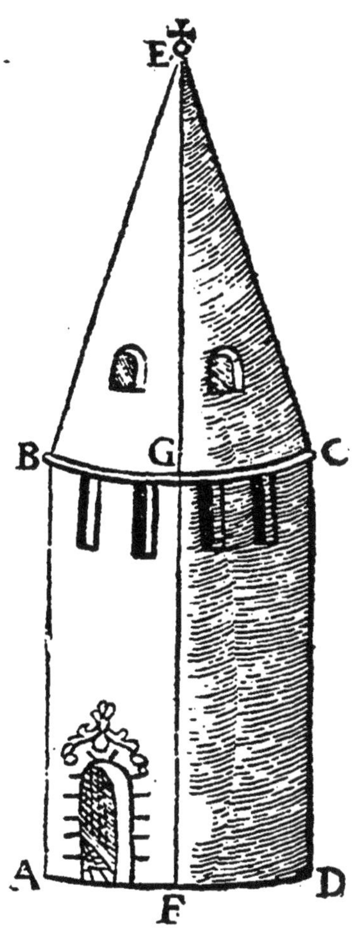

DV SON ET ACCORD DES CLOCHES, ET DES ALLEURES DES CHEUAUX, CHARIOTS & CHARGES: DES FONTAINES, & ENCYCLIE DU MONDE: & DE LA DIMENSION DU CORPS HUMAIN.

Chapitre Septiesme.

Le son & accord des cloches pendans en vn mesme axe, est faict en contraires parties. 1

LEs cloches ont quasi figures de rondes pyramides imparfaictes & irregulieres :& leur accord se fait par reigle Geometrique : comme si les deux cloches C, & D, sont pendantes à vn mesme axe, ou essieu, AB: ie dy que leur accord se fera en contraires parties, côme voyez icy figuré: car quand l'vne sera en haut, l'autre declinera en bas. Autremēt si elles de-

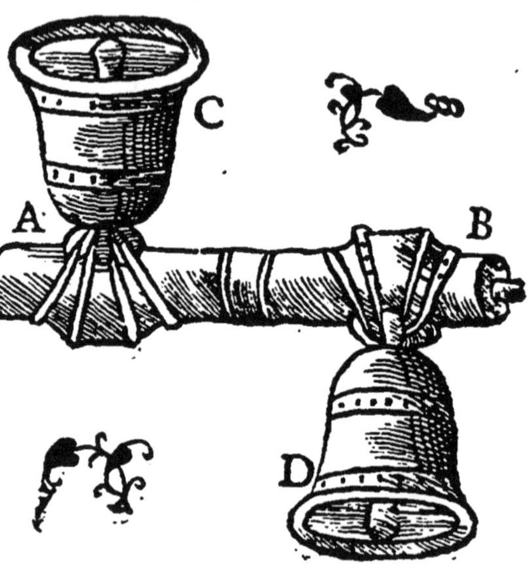

clinent toutes deux enſemble en vne meſme partie, elles feront diſcord, & ſera leur ſonnerie mal plaiſante à ouir.

2 *Le vray accord de deux cloches, par l'attouchement des bataux, eſt faict diametralement.*

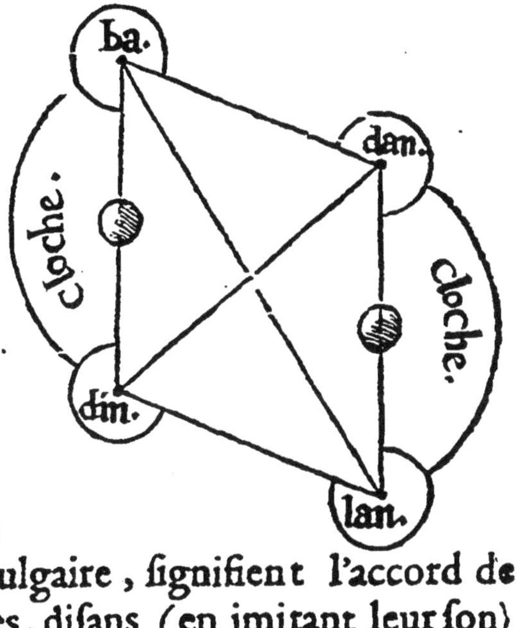

CHacune cloche a deux diuers coſtez, entre leſquels le batail touche par diuerſes fois. Et à cauſe que l'accord de deux cloches ſe fait par l'inclination d'elles en diuerſes & contraires parties, il faut que ledict accord ſe face diametralement, cõme voyez icy figuré, par vn quadrãgle rhõboide: & par quatre notes vulgaires, par leſquelles les enfans, ou le commun vulgaire, ſignifient l'accord de deux cloches, diſans (en imitant leur ſon) din dan, ba lan, din dan, ba lan. Les deux premieres notes, comme din, dan, n'appartiennent à vne meſme cloche: mais à diuerſes cloches, & à contraires parties des deux diametralement oppoſites, cõme les auons eſcript en leurs figures. Pareillement les deux dernieres notes ſont de diuerſes cloches, & de diuerſes parties, ſelon la diametrale oppoſition, comme l'on void deſcript en la figure. Quand l'vne des cloches d'vn coſté ſonne din, l'autre de la contraire & diametrale partie reſſonne dan: puis la premiere reſpond ba, & l'autre en contraire coſté reſſonne lan.

Quand deux cloches ſonnent enſemble d'vn meſme coſté, leur ſon eſt malplaiſant & mal accordant. 3

Comme auons icy pourtraict en la preſente figure, ou deux cloches ſont agitees enſẽble d'vn meſme coſté, cõme en haut ou en bas. Par ce moyen leur ſonnerie n'eſt point diametrale, ains ſe fait ſelon les coſtez oppoſites de leur

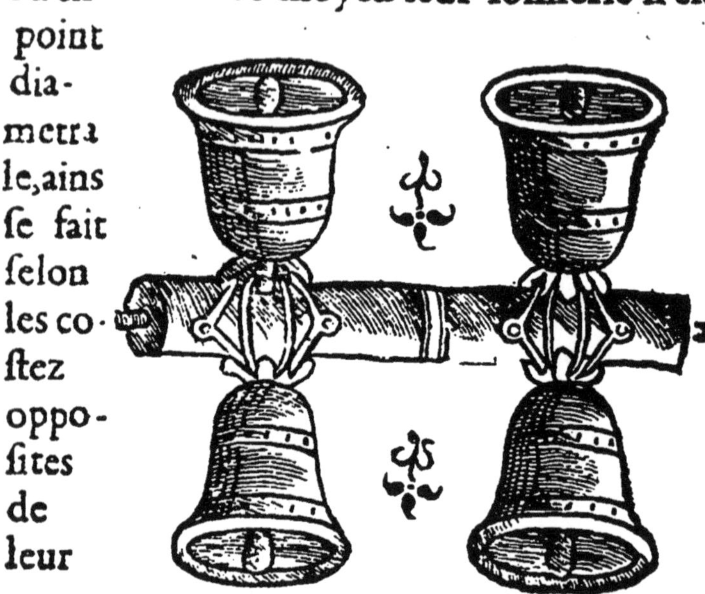

quadrangle. Parquoy ladicte sonnerie est irreguliere & mal plaisante à ouïr, à cause que lesdictes cloches font confusion l'vne auecque l'autre de leur son. L'on doit telle maniere de sonner cloches, comme dure & impertinente euiter & fuir.

4 *De l'alleure des cheuaux & autres bestes à quatre pieds, laquelle pareillement est diametrale.*

L'alleure de toutes bestes ayans quatre pieds, comme de cheuaux, garde mesure Geometrique.

Nature, laquelle sans cause riē ne fait, en l'alleure de toutes bestes ayans quatre pieds garde la mesure Geometrique: comme voyez cy apres demonstré par figure. Les quatre pieds desdites bestes, sont distinguez selon vn parallelogrāme lōguet: & sont en 4. differences, c'est à sçauoir, deux anterieurs, deux posterieurs, deux dextres, & deux se-

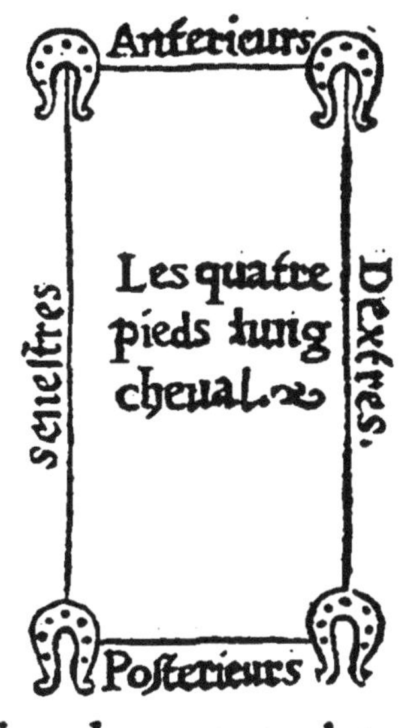

nestres. Les Espagnolz appellent les deux pieds anterieurs, les deux mains du cheual, à la semblance des deux mains de l'homme: & les deux de derriere ressemblans aux pieds de l'homme, ils les appellent les pieds, comme plus imparfaicts, & suiuans les autres de deuāt. Car la progression & mouuement de toutes bestes à quatre pieds, commence par les pieds principaux & anterieurs.

La progression & alleure de toutes bestes à quatre 5
pieds, se faict non par les costez quadrangulaires ains par les lignes diametrales.

IE descrivn quadrangle rhomboique ABCD, & par les quatre lettres des angles AB CD, i'entens estre signifiez les quatre pieds du cheual. Ie dy que l'alleure du cheual se faict non selon les costez AB, & CD, ne selon les costez AC, & BD: ains selon les 2. diametres AD, & BC. Car le pied A (comme anterieur & dextre & principal de tous) se mouuera le

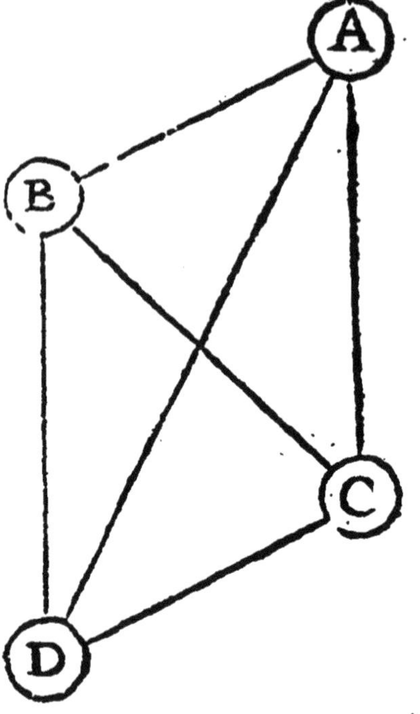

premier & marchera deuant. Le pied D, & qui eſt poſterieur & ſeneſtre, & à luy diametralement oppoſite, le ſuyura, & marchera le ſecond. Puis le pied B, anterieur & ſeneſtre, aura ſon mouuement. Et le pied C, à luy diametralement oppoſite, marchera & ſe eleuera le dernier. Il y a vne exception en ceſte reigle, que le plain cours & le ſault de la beſte à quatre pieds (comme d'vn cheual, ou d'vn cerf, ou d'vn chiẽ) ne ſe fait diametralemẽt: ains ſelon les coſtez de deuant & de derriere: car les deux pieds de deuant ſe mouuent enſemble, & les deux de derriere auſſi: comme on le void à l'œil en toutes beſtes allans & cheminans de plein cours, quand elles ſont de pres haſtees, pour ſoy ſauuer. Le coſté A B, ſe mouuera enſemble, & les deux pieds A, & B, eſgalement ſe leueront. Auſſi le coſté de derriere CD, ſuyura eſgalement le coſté de deuant.

6 *Toutes beſtes à quatre pieds: & non ſans cauſe, ont les iambes de derriere plus longues que celle de deuant.*

ON le void clairement par tout. La cauſe eſt, pour la facilité & plusgrande habilité de cheminer. On void que pour imiter nature, on le fait ainſi artificiellement en

vn

vn chariot: duquel les rouës de derriere, sont plus grandes que les roues de deuant, pour la plus grande facilité de cheminer, & pour le soulagement des cheuaux.

La charge d'vn chariot est opposite & contraire à la disposition des roues. 7

CAr sur la rouë de deuant, on met plus grand charge: & sur les rouës de derriere, on met la moindre charge. Les plus petites rouës sont les plus chargees, & portent le

plus grand fardeau. Les plus grandes rouës sont les moins chargees, & portent le moindre fardeau.

La charge d'vn chariot se fait selon vne pyramide renuersee, de laquelle la base & la plus grande partie marche deuant, & le pignon ou moindre partie se charge sur le derriere. 8

COmme est la pyramide courte A B C D, laquelle en representation d'vn

L

fardeau à mettre sur vn chariot, doit auoir la plus lõgue ligne AB, sur le deuant du chariot: & la

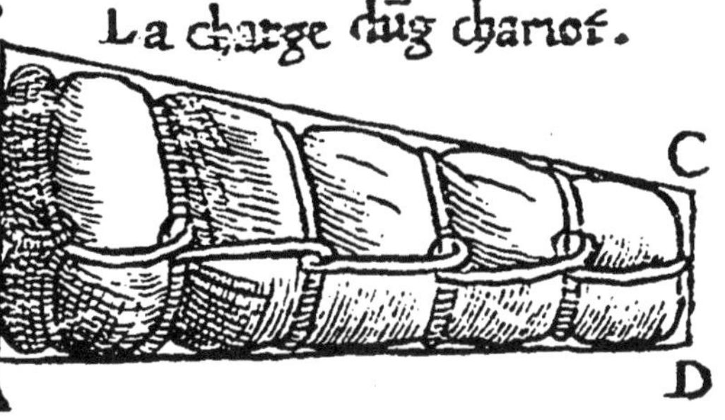

moindre ligne CD, sur le derriere dudict chariot. Et qui le chargeroit au contraire, il feroit fole charge, qu'on dit vulgairement A tue cheual.

9 *La disposition d'vn chariot auecques sa charge, fait vn parallelogramme entier, diuisé diametralement en parties opposites.*

SOit vn parallelogramme ABCD, lequel se diuise obliquement & quasi diametra-

lement par la ligne EF. Ie dy qu'à ce parallelogramme reſſemble vn chariot auecques ſa charge : car le chariot qui eſt bas deuant, & haut derriere, reſſemble à la partie inferieure AE, FD : & la charge dudict chariot, laquelle eſt au contraire du chariot, plus large, & plus groſſe deuant, que derriere, reſſemble à l'autre partie EB, CF. Parquoy les deux enſemble font la ſimilitude du grãd parallelogramme ABCD.

Vn homme ayant charge ſur ſon dos, reſſemble proprement à vn chariot, mettant la plus grande partie deſſus, & la moindre deſſous. 10

VN homme ayant charge ſur ſon dos, reſſemble proprement à vn chariot : car

il met tousiours le plus pesant & le plus gros bout en haut,& le plus leger dessoubs : comme l'on void à ceux qui portẽt la hotte, mettans le plus pesant bout au dessus,& le pignon de la hotte en bas, pour plus legierement & habillement porter : car si au contraire on mettoit le plus gros bout dessous,& le moindre dessus,la charge seroit moult penible , & seroit plus de peine à porter qu'autrement. Et si le porteur estoit abbaissé cõme vne beste à quatre pieds, ayant sa charge sur son dos, il ressembleroit à vn chariot , ayant sur le deuant la plus grande charge, & la moindre sur le derriere.

11 *Toutes riuieres sortans de leurs fontaines & courans en la mer, ressemblent aucunement à vne pyramide,de laquelle la base est la mer: & le chef est la source de ladicte fontaine.*

TOutes les riuieres vont communémẽt selon le cours du ciel d'Orient en Occident,& sortent des petites fontaines. Puis plusieurs eaux s'eslargissent, en la fin s'en vont perdre en la mer. Parquoy lesdictes riuieres gardent la figure d'vne pyramide, ayant sa base en la largeur ample de la mer , & le chef superieur au destroict & source de sa fontaine. La mer est la base generale & vniuerselle de toutes riuieres: lesquelles sont produictes & engendrees de diuerses fontaines, & vont toutes tomber & se

perdre en la mer, comme en l'vniuersité & generale capacité de toutes eaux de l'vniuersel monde. Et qui voudroit feindre & imaginer les fontaines à l'enuiron & au tour de la mer, il feroit lesdictes fontaines comme la circonference, & de la mer, comme le centre & abysme du monde, en laquelle toutes eaux vont prendre fin & terme de leurs cours.

12 *La grande encyclie du monde vniuersel, tient la figure de ronde pyramide renuersee, ayant la base au ciel, & le poinct capital en la terre.*

NOus auons plusieurs fois dict, que c'est d'encyclie, quand les cercles sont les vns dedans les autres, aians vn mesme centre. Et sur vn mesme centre le monde vniuersel est faict & formé en figure d'encyclie : car les corps inferieurs sont enclos & enfermez dedans les corps superieurs, tellement que les quatre elemens sont colloquez dedans la machine des corps celestes, & l'vn desdicts elemens dedans l'autre: car la terre est au milieu de tout le monde vniuersel comme centre d'iceluy, l'eau au tour de la terre, l'air au tour de l'eau, & le feu au tour de l'air. Ainsi est il des corps & orbes celestes : car les inferieurs & prochains ausdicts elemẽs sont dedãs les superieurs, c'est à sçauoir au tour du feu, le ciel de la Lune, & au tour de la Lune le ciel de Mercure, au tour de Mercure le ciel de Venus, au tour de Venus le ciel du Soleil, au tour & sur lequel est le ciel de Mars, & au tour de Mars le ciel de Iupiter, & au tour de Iupiter le ciel de Saturne, sur & au tour duquel est le firmament, c'est à dire le ciel des estoilles fixes: comme il appert par la suiuante figure, que nous auons cy adiouſtee pour auoir plus facile & ample intelligence des choſes propoſees.

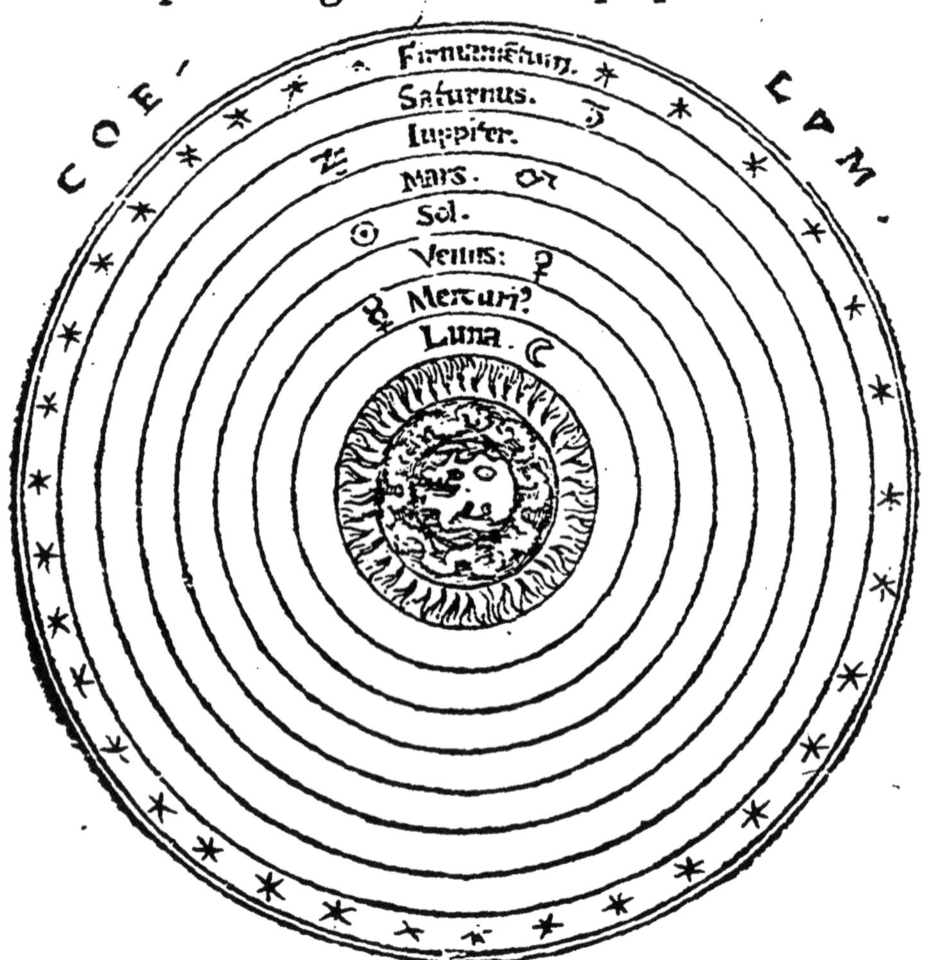

Parquoy s'enſuit, en comprenant telle partie du ciel que l'on vouldra, ou que l'on pourra veoir & entendre, iuſques à la terre, que la grande & vniuerſelle encyclie de tout le monde eſt formee & figuree en la maniere & façon d'vne ronde pyramide, renuerſee quand à noſtre regard & ſituation : de laquelle la baſe & ſiege ou fondement principal eſt audiſt ciel, & le chef ou poinct vertical en la terre: laquelle eſt le moindre de tous les elemens & corps principaux, & auec ce de petite & quaſi inſenſible quantité & grandeur à la relation & comparaiſon de tout le ciel: eſtant au milieu de tout le monde, repreſentant le centre vniuerſel d'iceluy: comme il appert aucunemēt par la preſente figure pyramidale, deduite & procreée de la figure precedente, & deſcription vniuerſelle de tout le monde. Et ce ſuffiſe quāt à la grande encyclie de tout le mōde vniuerſel: laquelle on pourroit comprendre & figurer proportionalement en plusieurs façons & manieres, es choſes particulieres de ce monde, dōt ie me tais pour le preſent. Par les choſe donc fr ques deſſuſdictes, il eſt cler & treſeuident, que la pes ection & dignité de la ſcience de Geometrie eſt grande: attendu qu'elle reluit ſi clairement & amplemēt en toutes les œuures & choſes que Dieu a creées en ce monde: meſmes en la dimenſion & proportiō du corps humain, comme nous dirons cy apres.

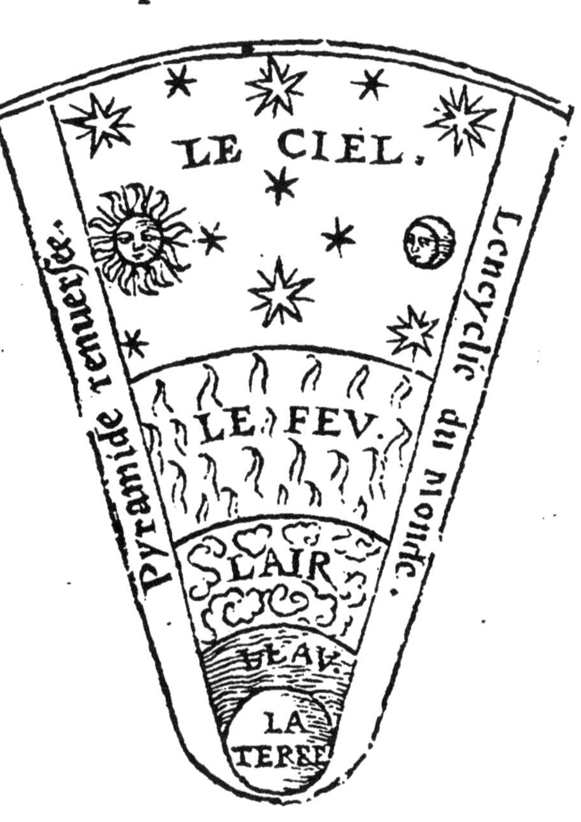

De la grandeur & ſtature de tous corps humains. 13

QVi bien veut cognoiſtre la grandeur & ſtature de tout ſon corps, c'eſt à ſçauoir la vraye meſure depuis le haut de ſa teſte, iuſques au bas de ſes pieds, doit

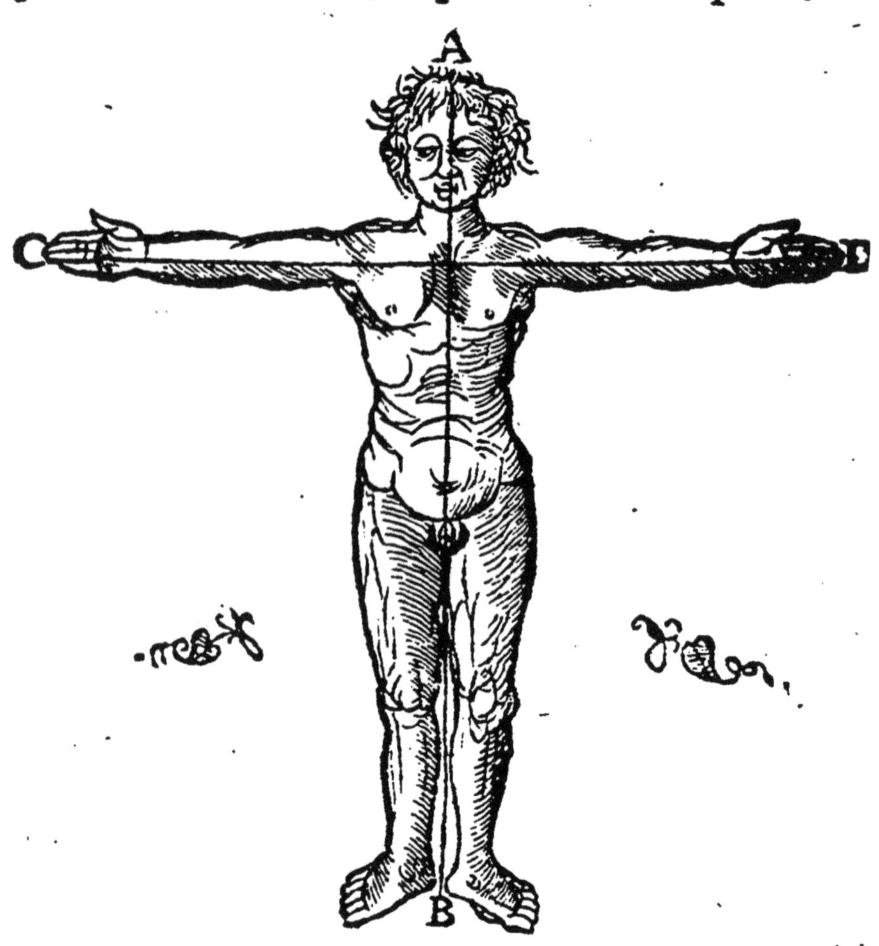

eſtendre ſes deux bras, tant qu'il pourra en droict fil, & en croiſee de ſon corps. Et la meſure de ladicte extenſion de ſes deux bras, depuis le bout du plus grand doigt, iusques au bout de l'autre doigt, est la vraye quantité & dimension de son corps. Ceste reigle de nature se garde en tout corps humain, soit grand ou petit, soit geant ou nain, soit homme ou enfant: car en chacun selon la croissance du corps, aussi croissent les deux bras, gardans la naturelle proportion à la quantité & longueur de tout le corps: comme il appert euidemment en la presente figure du corps humain, ayant les deux bras estendus en droict fil: en laquelle la ligne A B, descendant du plus haut de la teste, iusques au bas des pieds, doit estre esgale & pareille en longueur à la droicte ligne C D, mesurant & comprenant l'extension des deux bras en droict fil. Parquoy de ce propos ferons ceste proposition.

14 *La longueur & grandeur de chacun corps humain, est pareille & esgale à la droicte extension des deux bras.*

COmbien que ceste proposition ait esté suffisamment declaree cy deuant: nous ferons neantmoins ladicte declaration en forme Geometrique, par l'intersection de deux lignes droictes. Soit doncques la ligne AB, mesurãt la hauteur du corps humain, & la ligne C D, soit l'extension en droict fil desdeux bras dudict & mesme corps humain. Ie dy s'il n'y a monstruosité & deformité & desreiglement de nature audict corps humain, que ces deux lignes, soy diuisans sur vn mesme poinct, seront esgales l'vne à l'autre, & de pareille longueur: comme l'experience le monstre en chacun hõme: & de ce ne faut demander raiſon Geometrique, ains pluſtoſt raiſon naturelle: car la diuine Sapience (laquelle a tout creé, par raiſon & bonne cauſe) a fait les bras au corps de

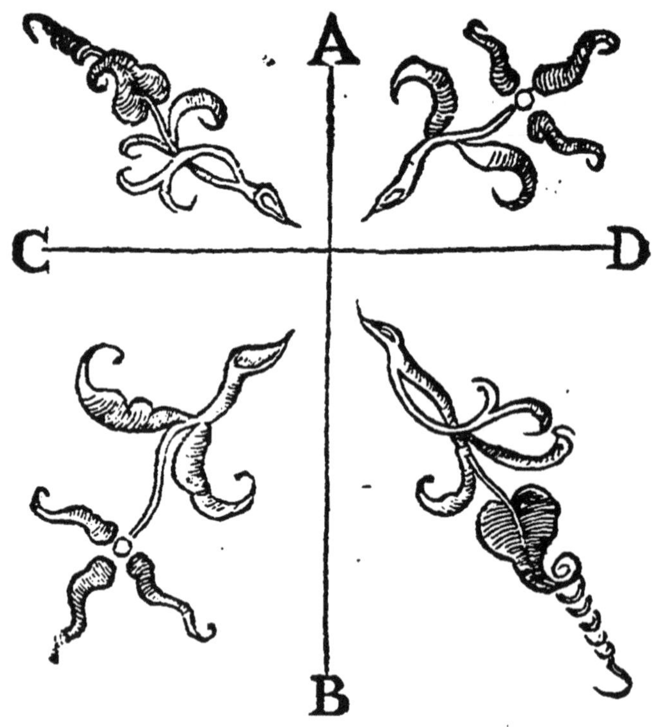

l'homme, & les mains (leſquelles on appelle en philoſophie, *organa organorum*: c'eſt à dire organe des organes) pour ſecourir & enuironner tout le corps humain, & toutes parties d'iceluy, à leur faire ſecours & aide à leur grand beſoing & neceſſité, tellement qu'il n'y a aucune partie ne aucun membre auquel les bras & les mains ne puiſſent donner aide & ſecours : comme à le frotter, grater, lauer, oindre, nettoier de toutes ordures & vermine. Parquoy non ſans iuſte cauſe Dieu autheur de nature a voulu commenſurer l'extenſion des bras à la dimenſion de tout le corps humain. Et de ce en auons voulu faire (pour paſſetẽps) quatre petits vers en Latin.

Teſtratichon dimenſionis humani corporis.

Quanta ſit humani dimenſio corporis, id vis
Noſſe? tua in formam brachia tende crucis:
Linea quæ ſummos digitos extendit, ei eſt par
Quæ cadit à capitis vertice ad vſque pedes.

La ſignification deſdicts vers eſt ſuffiſamment expoſee, par ce qui a eſté dict cy deuãt: c'eſt à dire que l'extenſion des bras de chacun homme, eſt pareille & eſgale à la grandeur & dimenſion de tout le corps.

15 *Les cinq principaux ſens de l'homme, ſituez & organiſez en la teſte, ſont par nature diſpoſez & ordonnez en figure triangulaire.*

LES cinq principaux ſens de l'homme ſont, leſquels on appelle en Latin *Imaginatio, Auditus, Viſus, Olfactus, Guſtus.* C'eſt à dire, l'imaginatiue, les ouyes, la veue, l'odorement,& le goust. Lesquels sont situez, posez & ordonnez par honneur de nature au plus haut de l'homme, c'est à sçauoir l'imaginatiue, comme la plus noble, est situee au plus haut & sommet de la teste, en la rõdeur du cerueau. Les ouyes sont posees & organisees aux oreilles. La veue aux deux yeux. Le sentiment ou odorement, es narines. Le goust, en la bouche, ou en la langue, situee dedans la bouche. Et chacun de ces sens a son propre & naturel obiect, auquel il est ordonné. Car l'imagination a pour obiect les apparitions, les visions & phantasies nocturnes. Les ouyes ont le son, & la voix. Les yeux, la lumiere, & les couleurs. L'odorement a toutes les odeurs. Le goust, les saueurs. Ie dy doncques que ces cinq sens honorables & hautains situez & organisez en la teste, ne sont exempts de figure Geometrique. Car l'ordre selon lequel ils sont naturellement posez & situez en la teste, garde & obserue la belle figure triangulaire : laquelle est la premiere, & la plus mystique de toutes les figures angulaires. Ce propos est bien & suffisamment declaré par la suiuante figure : en laquelle on void le sens interieur de l'imaginatiue, situé au plus haut de la teste, & en la rondeur du test, couurant le cerueau. Au dessoubs de luy, sont les deux oreilles plus diſtantes que les deux yeux. Puis au deſſous ſont les deux yeux, plus diſtans que les deux narines : & les deux narines plus diſtantes que la bouche, ou que la langue, laquelle eſt

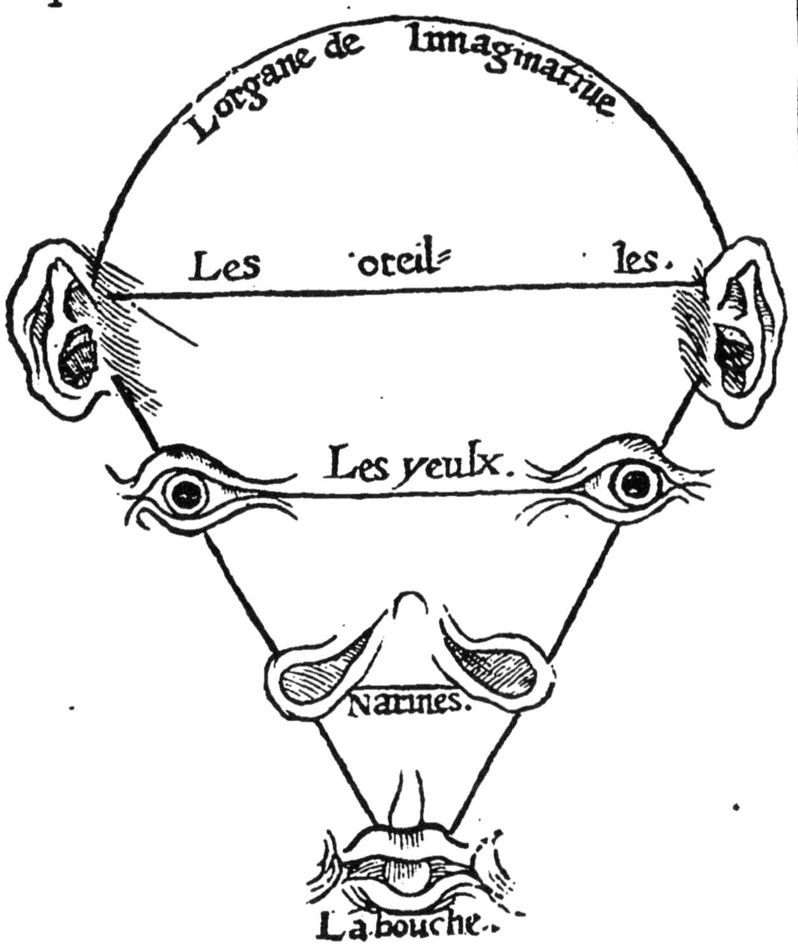

vnique & ſimple organe du gouſt, pour iuger de toutes ſaueurs. Ainſi void on clairement que les cinq ſens, ſelon leur ſituation, obſeruent la belle figure triangulaire, de laquelle la base est en l'imaginatiue, & la poincte en la bouche, ou en la langue : car de tant plus vn sens est parfaict & vertueux, de tant plus sont les organes distans l'vn de l'autre, & plus estendus. Le goust est moindre & inferieur desdicts sens capitaux: aussi est il comprins en vn seul cercle de la bouche, ou en la simple langue. L'odorement a deux cercles pour ses organes, lesquels sont ioincts & voisins, & comprins au nez. Les deux yeux sont plus hauts & plus distans, que les narines : & les deux oreilles plus hautes, plus distantes & separees, que les deux yeux. Et l'imaginatiue, comme superieur & interieur sens, est plus haut estendue que les oreilles : car elle est comprinse & contenue en tout le demy cercle du haut cerueau, qui represente en l'homme autant comme le ciel au monde vniuersel. Ainsi appert que la Geometrie n'est de petite vtilité, par laquelle on peut cognoistre plusieurs choses dignes de sçauoir. Et n'est aucunement possible que l'engin humain peust bien proufiter en la philosophie & science des choses naturelles, sans l'aide des arts Mathematiques: esquelles sont contenues plusieurs choses mystiques, sur lesquelles se sont fondez & reiglez les anciens philosophes pour inuenter & descrire les occultes proprietez de toutes choses naturelles: car comme on dit en prouerbe philosophique: *Species rerum sunt, vt species magnitudinum & numerorum.* C'est à dire que les especes des choses naturelles sont comme les especes des quantitez & des nombres.

16 *Qui sçauroit inuenter l'art de faire & composer vn cercle soy perpetuellement mouuant & tournãt, il pourroit faire vn moulin tournant par soy sans aide d'eau, de vent, de bras, ou de cheual.*

CHacun art a en soy quelque difficulté, transcendant non la puissance de nature, mais la seule capacité & subtilité de nostre engin. Plusieurs ont iadis labouré & faict de grands despens pour trouuuer la maniere de composer & creer vn cercle soy perpetuellement mouuant & tournant: & ce par les vertus & differences de contrepois inserez, & bien disposez, dedans la circonference dudict cercle, tant qu'ils le feroient tousiours par soymesme tourner, sans aide exterieur de bras, de cheual, d'eau, ou de vent. Mais ce ne fut iamais bien inuenté, ne mis à executiõ: iaçoit que nature à ce ne contredict: mais la subtilité de nostre engin n'y peut paruenir. Et si se pouuoit trouuer, on pourroit faire & creer tous moulins à bon marché & de leger coust, sans necessité de vent, d'eau, de cheual,

ual, ou de bras humains. Et si telle vtilité se pouuoit trouuer, il seroit à craindre que les Rois ou Princes du temps present, par enuie de plusieurs ne fissent exterminer ou dechasser l'inuenteur: comme fit le cruel Domitian à celuy qui trouua le noble & diuin art de faire le voirre infrangible & malleable comme plomb, ou or & argent: craignant que si le voirre estoit infrangible, il seroit preferé à or & argent, pour la ioyeuse pureté & clarté de luy.

Selon le cours de nature les moulins à vent vont du dextre à senestre, & sont consentans au mouuement du ciel. 17.

TOus moulins à vent, selon le cours & ordre de nature, sont tournans vers le costé gauche, qu'on dit en Latin, *A dextro in sinistrum*: C'est à dire, du costé dextre au senestre. Lequel mouuement est pareil & semblable au mouuement du ciel: lequel selon les philosophes se tourne iournellement du costé dextre au senestre, & d'Orient en Occident: car l'Oriēt est la dextre partie du monde, l'Occident est la partie senestre, & plus debile en generation de toutes choses que la partie dextre: comme la femme est plus debile que l'homme, qui est la partie dextre de la nature humaine.

18 *Le changement du vent ne peut changer ne transmuer ou desreigler le mouuement du moulin à vent.*

DE quelque costé que vienne le vent, iamais le moulin à vent ne change ne

transmue ne desreigle son mouuemẽt, tournant du costé dextre au senestre: car aussi artificiellement on tourne ledict moulin selon la venue du vent. Et pour mieux le declarer: soit par deux diametres AB, & C D, soy in-

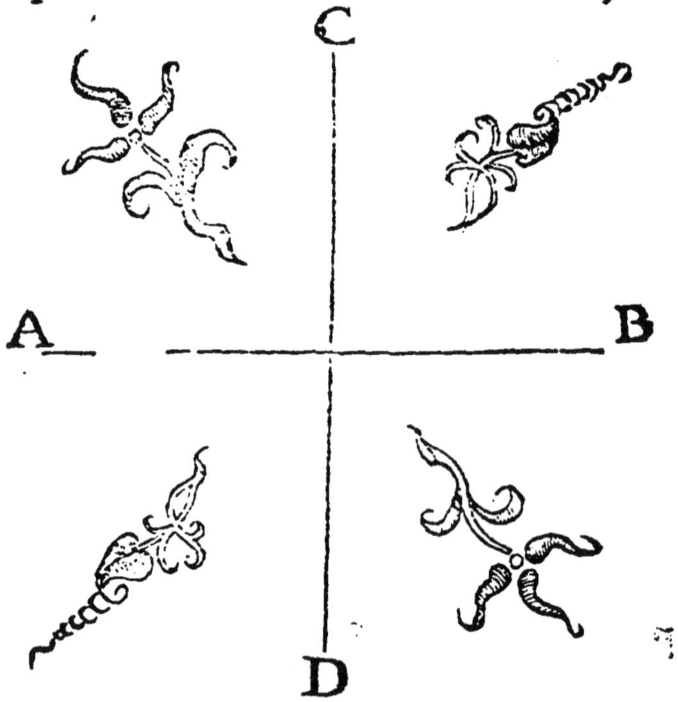

tersecãts aux angles droicts, signifié le moulin à vent. Et sur le poinct A, signifiãt la partie senestre: & le poinct B, la partie dextre. Ie dy que par nature le moulin à vent tournera tousiours vers le costé A. Car le vent abbaissera le poinct C, vers A, & le poinct B, vers C, & le poinct D, vers B: & ainsi infiniment, sans iamais changer le tour accoustumé, & pare il au mouuement du ciel.

Le vent rue tousiours sur le moulin par le haut
19 *costé, & non par le costé bas*
& inferieur.

SI le vent se iectoit & ruoit sur le moulin par le costé bas & inferieur, comme sur le poinct D, le moulin changeroit son cours naturel, & seroit desreiglé, tournant comme du poinct D, enuers A: qui seroit du senestre costé vers le dextre : ce que faire ne se peut. Car le vent qui est leger, subtil, & de nature hautain, touche tousiours le moulin par haut, comme sur le poinct C, l'enclinant vers le poinct A.

Le cours du moulin à eau, est naturellement
20 *contraire au cours du moulin*
à vent.

SElon l'ordre de nature, toutes les eaux terrestres, comme fontaines & riuieres ont leurs cours d'Orient en Occident pareil, & consentant au mouuement du ciel. Parquoy tous les moulins à eau, sur lesquels l'eau courant donne par le costé de bas, ont le cours contraire au moulin à vẽt: car lesdits tournent du costé senestre au costé dextre: comme il appert en ceste figure: en laquelle l'eau venant de la fontaine E, vient abborder dessous le moulin : & le fait tourner du costé D, vers A:& A, vers B,& B vers C, qui est du

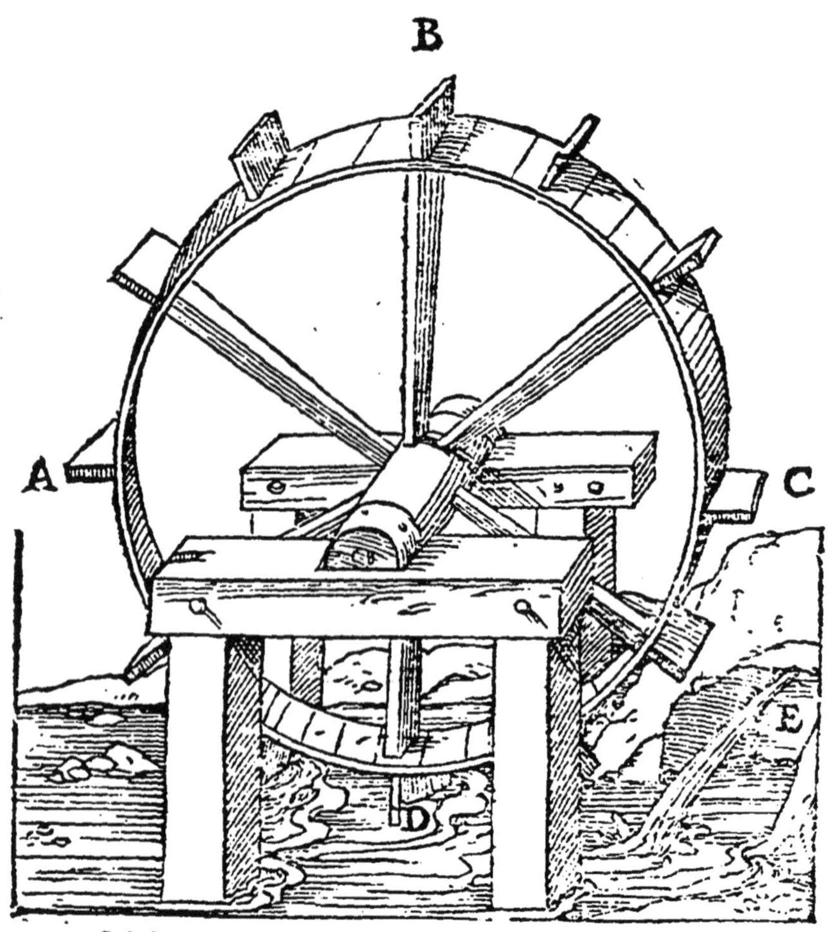

costé dextre vers le costé senestre:& du point d'Orient, vers le point d'Occident, contre le naturel & iournel mouuemēt du ciel. Il peut auoir en ceste reigle double exception. L'vne, quand d'aduenture l'eau vient du costé d'Occident,qui eſt choſe rare,& non ſelon l'ordre de nature. L'autre quand par faulte d'abondance d'eau on fait tenir l'eau & couler par vn bac iectant l'eau ſur le moulin, laquelle faict tourner le moulin en la ſorte du moulin à vent, tirant du coſté dextre au ſeneſtre: comme il eſt demonſté en la preſente figure: en laquelle l'eau trebuchāt par vn bac ſur le mou-

lin par le coſté de hault, reſſemble le vent faiſant tourner le moulin du coſté droict vers le coſté gauche, comme les moulins à vent.

Les estats mondains sont à present selon figures Geometriques, differens par le rond & le quarré. 21

LE dict commun du peuple, fait à present distinction des estats mondains selon le rond & le quarré : lesquels sont figures Geometriques moult differentes & diuerses : car comme le rond est precellent, & le quarré de moindre perfection, aussi l'estat du bonnet rond est plus ingenieux & spirituel que l'estat du bonnet quarré. L'vn gaigne le pain, l'autre le despend. Iuristes & toutes gens de sciences & de conseil, sont comprins sous le bonnet rond, & sous la longue robe : les autres estats, comme gentils gens, & toutes gens de guerre, sont entendus par le bonnet quarré & la robe courte.

L'accord & vnion des deux estats en la deesse Minerue. 22

LA deesse Minerue est dame des sciences : & si pareillement porte les armes, auec son escu nommé Ægis. Elle porte d'vne main la quenouille & le fuseau, & de l'autre main la hache d'armes. Par la quenouille & le fuseau sont signifiez gens d'estude & de science, & de subtil engin : & par la hache &

le bouclier sont entendus gens de force, & idoines à la guerre : en laquelle, force & vertu corporelle est plus requise & necessaire, que n'est le haut sçauoir & la multitude de science. Plusieurs anciens Rois, Seigneurs, & Empereurs, ont esté fort excellens en nature des deux estats : comme Alexandre le

grand, Iulius Cesar, & autres : lesquels ont esté bien sçauans, & mout vertueux en guerre. Aucuns autres princes ont deteſté & contemné les ſciences, diſans qu'elles ſont domeſtiques & feminines, ne ſeruans ſinon à eneruer & amollir les cueurs des hommes, & les rendre non idoines à vertueuſement imperer, & guerres demener.

Les trois hauts elemens ont leur naturel mouuemẽt selon les trois differences Geometriques, longueur, largeur, & haulteur ou profondeur. 23

LES quatre elemens mondains ſont la terre, l'eau, l'air, & le feu. Leſquels ſont par nature differens ſelon les proprietez Geometriques: c'eſt à ſçauoir ſelon le poinct, la ligne, la ſuperfice, & le corps. Le poinct eſt indiuiſible, & de toute quantité imparfaict. La ligne a la longueur. La ſuperfice a longueur & largeur. Le corps eſt en toute quantité parfaict, ayant longueur, largeur, & hauteur. La terre en ſoy reſſemble le ſimple poinct: & eſt le centre & le fondement du monde, n'ayant en ſoy quelque mouuement, & touſiours immobile. L'eau reſſemble la ligne, ayant ſon cours ſelon la longueur du monde, venant d'Orient en Occident. L'air qui eſt agité & eſmeu par les vents, a ſon principal & regulier mouuement de la part du Midy en Aquilon ou au contraire de la partie d'Aquilon vers le Midy, qui est la largeur du monde: car les principaux & plus contraires vents du monde, sont le vent meridional, soufflant vers Aquilon: & le vent qu'on dit le Nort, soufflant vers la partie du Midy. Ces deux vents sont du tout contraires & diuers en proprietez: l'vn chaud, l'autre froid: l'vn pestilentieux & pluuieux, l'autre salubre & pur nettoiant le ciel de toutes nuees & obscuritez. Pour laquelle cause les philosophes l'ont appellé & denommé *Scopam cœli*, c'est à dire le ramon du ciel, nettoiant l'horizon celeste de toute ordure nebuleuse: comme de coustume le ramon ou balet nettoie la maison. Le feu qui est le quart & plus haut & plus parfaict element, ressemble la dimension corporelle: & a son naturel mouuement selon la profondité estendue du bas enhaut. Parquoy non sans cause disons que les trois hauts elemens, l'eau, l'air, & le feu, ont leur naturel mouuement selon les trois dimensions & quantitez Geometriques, longueur, largeur, & hauteur. Laquelle chose en la philosophie est digne de consideration, ayant sa secrette & mystique raison.

Le feu par son mouuement du bas en haut, tient & obserue la figure pyramidale. 24

ON void ce clairement à l'œil : car en bas le feu se tient plus large : & de plus qu'il chemine haut, il va à l'estroict, iusques en poincte, tant qu'en son mouuement il

crec & fait la figure pyramidale : laquelle entre les figures corporelles est la plus noble & plus parfaicte, comme aussi le feu est de tous elemens le superieur, & le plus noble & plus vertueux.

25 *Le ieu de paulme se fait selon la ronde figure: Et le ieu de dets, selon la quarree.*

LEs estœufs & pelotes, & autres instrumens du ieu de paulme, sont de ronde figure, pour plus loing iecter. Et les dets sont de figure quarree & cubique. La ronde figure est plus idoine à soy mouuoir, que la quarree, qui est plus stable & arrestee que la ronde. Par ceste cause les anciens Poëtes ont escript, que la vertu stable & permanente sied sur le quarré: & la fortune inconstante & instable sied sur le rond: qui est trop facile à soy mouuoir, & n'a arrest ne repos, que sur vn simple poinct.

26 *La figure quarree est plus idoine & plus propre aux communes maisons: la figure ronde plus idoine & plus vtile aux forteresses & places de guerre.*

ON fait voluntiers & le plus souuent les cõmunes maisons selon la figure quarree, pour la capacité d'elle, mout plus vtile à habiter & demourer, que la figure ronde. Mais les forteresses des chasteaux, comme tours & places de guerre, se font selon la ronde figure: laquelle est plus forte, & mout plus idoine à resister & bien garder contre les ennemis & aduersaires, que la figure

quarree ou angulaire, de quelque espece qu'elle soit.

27 *Tous les conduicts & pertuis du corps humain, tant pour la vertu attractiue, que pour la vertu expulsiue, sont par Nature de ronde figure.*

LA ronde figure est moult plus noble, & de plus grãde vertu que la quarree. Le monde est rond: & à l'imitation du monde, Nature a ordonné à l'homme les conduicts & pertuis de son corps en la ronde figure, tant pour seruir à la vertu attractiue, qu'à la vertu inferieure & expulsiue. En la teste de l'hõme, y a quatre sens exterieurs, ayans leurs conduicts & pertuis seruans à la vertu attractiue. Le plus haut sens exterieur est l'ouye, ayant deux oreilles, seruans à la vertu d'ouyr les sons, & principalement la voix. Le second est la veue, ayant les deux yeux attrayans la lumiere & les couleurs. Le tiers est l'olfact, ayant deux narines, pour attraire les odeurs. Le quatriesme sens est la bouche, ou gist le goust, à receuoir & attraire toute l'alimentation de l'homme, tant en boire qu'en manger. Et sont les pertuis & organes de ces quatre sens, formez en rondeur, pour la plus grande & expediente commodité de leur operation. Puis, au ventre, ou soubs le ventre de l'homme, y a trois, seruans à la pertuis vertu expulsiue. Au milieu du ventre est le pertuis de l'vmbilic, seruant à quelque euaporation de l'air interieur. Au dessoubs est le pertuis genital, seruant à la generation, & expulsion de l'vrine. Le dernier & inferieur pertuis est à mettre hors les excremens de la viande, respondant à la terre. Car de ces trois pertuis inferieurs seruans à la vertu expulsiue, l'vmbilic est comme l'air: le pertuis genital, cōme l'eau: le pertuis excremētal, cōme la terre. Ainsi sont ces pertuis en belle proportion, & imitation des trois elemens inferieurs, l'air, l'eau, & la terre. Le feu de l'homme git au cœur: qui est couuert, sans quelque pertuis, pour mieux faire la decoction & digestion de toute alimentation, & la tourner en nature de sang, auquel git & repose l'ame & toute la vie de l'homme.

Tous les pertuis de l'homme sont mystiquement distinguez par le nombre de sept. 28

EN la teste de l'homme y a sept pertuis, lesquels ne sont proprement que quatre pource qu'ils sont seruans aux quatre sens exterieurs: deux à l'ouye, deux à la veue, deux à l'olfact, & vn goust. Puis, au ventre, ou dessoubs, y a trois pertuis ci dessus declarez: c'est à sçauoir l'vmbilic, le pertuis genital, & le pertuis excremental. Ainsi la vertu attractiue seant en la teste, a quatre pertuis: la vertu expulsiue en a trois: lesquels ensemble font le mystique & precieux nombre de sept, sur lequel Dieu a creé le monde & parfaict.

Les sept pertuis de l'homme sont en double ordre des quatre elemens.

LE plus bas & inferieur pertuis de l'homme, nommé excremental, est comme la terre. Le pertuis genital, seruant à iecter l'vrine, est comme l'eau. L'vmbilic seant au milieu du ventre, est respondant à l'air. Le cœur seant au milieu de la poictrine, & n'ayãt quelque pertuis, mais estant secret & couuert, ressemble au feu. Puis en la teste le goust, seruant à viande materielle & terrestre, est comme la terre. L'olfact en ses deux pertuis, par lesquels sortent plusieurs humeurs, ressemble à l'eau. La veue respond à l'element de l'air. L'ouye, qui est le plus haut & plus parfaict exterieur sens de l'homme, est respondant & pareil au feu. Parquoy les pertuis de l'homme, comprins auec le cœur secret & interieur, sont en double ordre des quatre elemens : comme nous auons proposé & declaré.

Toute la substance du corps humain est comprinse en trois grands orbes, qui sont, la teste, la poictrine, & le ventre.

LA substance du corps humain (duquel le pourtraict s'ensuit cy apres) se peut mystiquement

quement & par bonne cause distinguer en trois grands orbes. En l'orbe de teste, dedans lequel sont cõprins les quatre sens exterieurs, & leurs pertuis & organes, seruans à leurs operations, est la vertu attractiue. L'orbe moyen est la poitrine close & fermee, n'ayãt en soy quelque ouuerture ou pertuis: contenãt le cœur

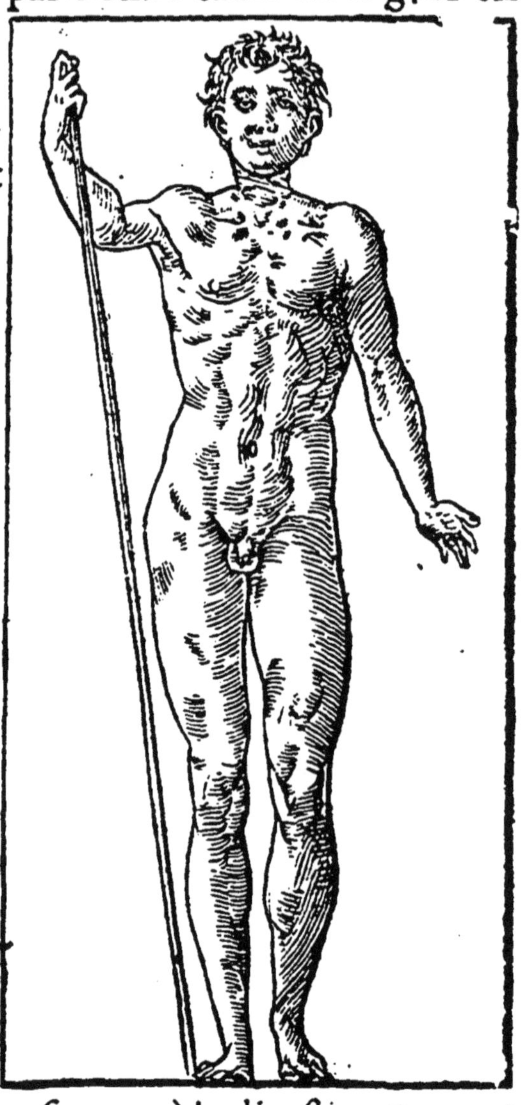

& les entrailles seruans à la digestion & generation de sang. Le tiers & inferieur orbe est le ventre, ayãt en soy trois pertuis distinguez en la proportiõ & similitude des trois inferieurs elemens, de la terre, de l'eau, & de l'air.

30 *Inſtance & obiect.*

IL fut iadis vn Roy d'Eſpaigne, hommé Alphonſe, aſſez facetieux & ioyeux. Ledict faiſoit vn ioyeux obiect, diſant pourquoy Dieu n'auoit faict vn pertuis & ouuerture en l'orbe moyen du corps humain, c'eſt à ſçauoir en la poictrine, pour la ſanté de l'homme, afin de bien nettoyer l'eſtomach & les entrailles, & à la main purger & oſter toutes nuiſances & corruptions interieures. Il diſoit pareillement que Dieu deuoit mettre le gras des iambes qui eſt par derriere au deuant, afin de mieux defendre les os, quand on chemine contre le hurt, faiſant grande leſion aux os, qui ne ſont gueres bien veſtus par deuant. Car ladicte greſſe les eut mieux defendus par deuãt, que par derriere. Telles eſtoiẽt les inſtãces & obiections facetieuſes dudict Roy Alphonſe. Leſquelles ne ſons dignes de reſponſe, ne de raiſon, entant que cõtre la diuine Sapience nul ne doibt rien preſumer ne contrearguer: car comme dict la ſaincte eſcriture, *Fecit Deus, omnia & bene, & bona valde.* C'eſt à dire, que Dieu a faict tout & bien, & fort bon.

Question & demande.

Pourquoy nature a donné puiſſance à l'homme de plus facilement fermer les yeux & la bouche ſans l'aide des mains, que les oreilles & les narines, leſquelles ſans l'aide des mains ne ſe peuuent fermer.

IL eſt facile de fermer les yeux & la bouche ſans l'aide des mains : mais les oreilles & les narines ne ſe peuuent aucunement fermer n'eſtouper ſans l'aide des mains. Nature a ce faict pour ce que les yeux & la bouche ſont tendres & dangereux pertuits. Par la bouche, ſi elle demeuroit ouuerte de nuict & de iour, pourroit legerement entrer au corps choſe nuiſible & creant maladie & inconuenient. Auſſi les yeux ſon precieux, tendres, & fort dignes : pour leſquels mieux garder, Nature a donné vertu à l'homme de les facilement ouurir & couurir tant de nuict que de iour. Si grand danger ne pend aux narines, ny aux oreilles : leſquels ſont plus ſecrets, & plus profonds en la teſte que la bouche & les yeux.

33 *Comme la stature de l'homme est composee de trois orbes principaulx, aussi sur le regime de l'homme sont trois iustices, la basse, la haulte, & la moyenne.*

IL est declaré cy dessus comment la stature de l'homme est composée de trois orbes, de la teste, de la poictrine, & du ventre. Et sur ces trois orbes y a au regime & gouuernemēt de l'homme trois iustices, la basse, la moyēne, & la haulte. La basse est situee sur l'orbe inferieur, chastiant de verges les petits enfans. La moyēne est sur l'orbe moyē: c'est à sçauoir sur le dos opposant à la poictrine. Et est pour les seruiteurs de la maisō, lesquels on chastie d'vn baston sur les os. La haute iustice est sur l'orbe superieur de la teste, pour les enfans incorrigibles, quand par verges ne par baston ne se ne se veulent amender, & leur faut par le pendant donner l'execution de la mort.

Les trois iustices de l'homme, sont ioyeusement & visiblement comprinses sur les trois parties d'vn ramon ou balay. En Picardie on appelle vn ramon, ce que les Parisiens & François ont accoustumé de nommer & appeller vn Balay. Chacun sçait que c'est, & à quoy il sert en la maison.

IL est composé de trois parties. Premier, du verd & menu bois, puis d'vn long baston ſeruant de manche : puis d'vn lien ou hart liant & eſtraignant le menu bois au manche. Parquoy on peut dire que les trois iuſtices humaines ſont ioyeuſement contenues & exprimees ſur le ramon : car le verd & menu bois ſert ſouuent à faire verges, pour chaſtier & corriger les petis enfans, tant en leurs maiſons qu'à l'eſcole. Et ce ſignifie la baſſe iuſtice ſur l'orbe inferieur de l'homme. Le baſton ſignifie la moyenne iuſtice, chaſtiant d'vn baſton les grands garçons & varlets ſur leurs dos. La hart ſignifie la haute iuſtice, eſtraignant le col des enfans ou ſeruiteurs incorrigibles, leſquels ne pour verge, ne pour baſton, ne ſe veulent amender & mieux valoir. Et ce eſt demonſtré aſſez clairement par la figure du Ramon, & auſſi par ce preſent rythme, declarant le tout plus au long.

Les trois iuſtices ſur le Ramon, ou Balay.

TRois choſes ſont en vn Ramon,
Bien ordonnées par raiſon,
La hart, le manche, & le menu.
Par ces trois l'homme eſt maintenu:
A houſſercul ſert le menu

Des bons enfans crians bu bu.
Le manche à bien frotter les os
Du gros varlet dessus son dos.
La hart à pendre le larron
Qui ne craint verge ne baston.
Ainsi auons en la maison
Trois iustices sur le Ramon,
La haute, moyenne, & la basse.
Qui ne fait bien faut qu'il y passe.
Haulte iustice estraint le col:
La basse escorche le cul mol:
La moyenne frotte le dos
Des gros varlets, quand ils sont sots.
Qui ne s'amende par le bas,
Ne gardant reigle ne compas,
D'vn gros baston ou d'vne gaule
On luy doit bien frotter l'espaule.
Par battre dos, s'il ne s'amende,
De hart au col le faudra pendre.
Parquoy Ramon est chose digne,
De mieux seruir qu'en la cuisine.
Il a office à purger vices
Par la rigueur des trois iustices,
En rendant l'homme ou bon ou mort,
Bon par vertu, mort s'il a tort.

Iustice.

haute,

moyenne,

& basse.

---

34 *En mettant l'horizon du ciel au quarré, selon les quatre principaux vẽs du monde, la moitié dudict quarré est salubre au corps humain, & la moitié insalubre.*

EN distinguant l'horizon du ciel par le quarré selon les quatre principaux vens du mõde,les deux costez dudit quarré,c'est à sçauoir,le costé d'Oriēt&le costé du froid vēt Aquilõ,sõt plus salubres&mieux proffitables à la sãté de l'hõme, que les deux autres costez du Midy & d'Occidēt.Parquoy la moitié en-

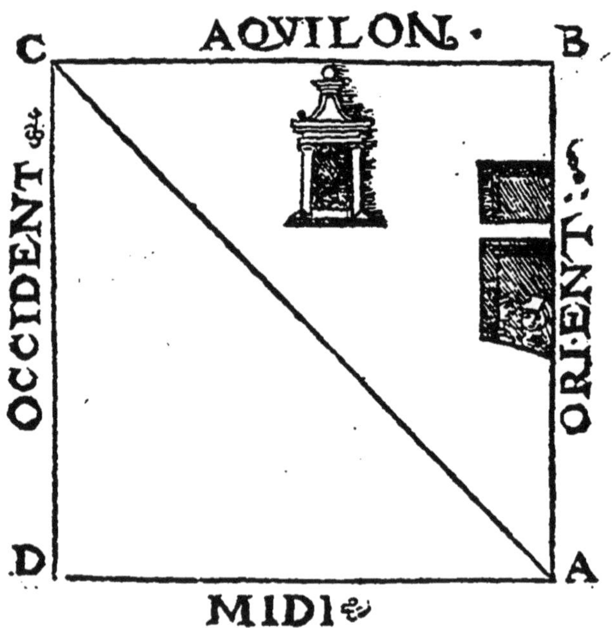

tiere dudict quarré est insalubre,&moins vtile à habiter :& l'autre moitié plus salubre , & vtile à demourer : comme si le quarré mondain est entendu par ABCD , les deux costez AB,& BC,qui sont AB Oriẽtal,& BC Aquilonaire,seront plus salubres que les deux autres CD, & DA,Parquoy en protendant dedans ledict quarré le diametre AC, tout le triangle ABC, qui est la moitié entiere dudict quarré tant Oriental qu'Aquilonaire, sera salubre. Et l'autre triangle ADC, meridional & occidental, sera de moindre vtilité pour habiter. Parquoy en vne maison signifiee & entendue par le quarré ABCD, faudroit faire les fenestres du costé Oriental & du costé Aquilonaire: laisser les deux autres costez fermez sans quelque fenestre & ouuerture. Sur ce propos faut consulter les philosophes ou medecins, cognoissans la disposition de l'air, & les diuersitez des quatre vents venans des quatre parties de tout le monde.

35 *Toutes les lettres de l'alphabet ou abecedaire Latin, se peuuent facilement reduire au quarré, & au rond.*

LES principales & plus frequentes & vtiles figures sont le quarré & le rond, seruans à plusieurs choses. Et qui les veut bien considerer & regarder, il pourra facilement reduire toutes les lettres de l'alphabet ou abecedaire Latin, au quarré & au rond, Et ce git en l'experience & volonté de chacun: cō-

me cy apres auons figuré & mis toutes les lettres au quarré, ou faictes & cõposees par lignes droictes seruantes à figurer & cõposer ou faire vn quarré. On trouue aux anciennes librairies, que aucunefois telles lettres ont esté en vsage, & ont eu leur cours. Mais à present l'vsage est failly, & mis en oubly. Et qui voudra faire & reduire lesdictes lettres au rond, il le peut faire à l'imitation du quarré, comme il est icy figuré.

Les lettres mises au rond, sont composées ou de cercles entiers, d'vn ou de plusieurs : ou du quart ou de la moitié de la circonference. Et tout ce propos se peut rapporter au plaisir & la volonté de l'escriuain.

36 *L'entendement & la memoire de l'homme sōt distinguez selon la ronde figure, & la figure angulaire.*

LEs deux principales vertus de l'homme à comprendre & retenir toutes choses qu'il apprend, sont l'entendement & la memoire, L'entendement est le premier qui acqueste & comprend tout : & la memoire ensuit, laquelle tout ce que l'entendement a cōprins, bien retient. Parquoy ces deux ſpirituelles vertus de l'ame, ſont en proprietez de diuerſes figures Geometriques, c'eſt à ſçauoir de la figure angulaire, & de la ronde. On dit vulgairement & communement, que le plus agu entendement eſt le meilleur, & le plus habile à penetrer & à comprendre toutes choſes. Et par contraire proprieté, & en deriſion de ceux qui ont lourd, gros & inhabile entẽdement, on dit qu'ils ont l'engin auſſi rond qu'vne boule, ou que le cul d'vn chauderon: ſignifians par ce, que leur entendement eſt impropre à penetrer & à cõprendre pluſieurs choſes. Et par diuerſe & contraire figure faut parler de la memoire: car memoire ague & angulaire ne vaut riẽ, pour ſon incapacité inhabile à pluſieurs choſes retenir, & en ſoy cõſeruer. Et ronde & large memoire eſt la meilleure, & de grande capacité à retenir en ſoy & conſeruer tout ce que agu entendemẽt comprend & apprend. Et à ce propos le peuple vulgaire a ſouuent ceſte preſente rythme en la bouche:

Ronde memoire, agu entendement,
Fait l'homme habil, diſcret, ſage, & prudent.

Et par le contraire, dit.

Memoire ague, & rond engin,
Rend l'homme ſimple, & non fort fin.

Et par ceſte meſme cauſe voit on auſſi aduenir, que ceux qui ont petite teſte, par l'incapacité du cerueau auquel eſt ſituee la memoire, ne ſont biẽ ſages, mais legers & indiſcrets, qui ne vouldroit dire fols. Et ceux qui ont la teſte plus ample & de moyẽne groſſeur, ſont plus ſages & de meilleur cerueau, & en tous affaires diſcrets & bien aduiſez. L'art de Phyſionomie ſur ce propos peut expoſer la cauſe, & donner la raiſon.

I LES VTILITEZ ET EXCELLENCES DE Geometrie.

Chapitre huictieſme.

QVi veut amplier & magnifier la grande & ineſtimable vtilité de l'art de Geometrie, il doit conſiderer le ſeruice & le biẽ qu'elle fait à toute l'Aſtrologie: laquelle ſelon la hauteur & excellẽce de ſes obiects, c'eſt à ſçauoir des corps celeſtes, eſtimee & reputee la plus haute & la plus noble entre les arts liberales, leſquelles ſont diſtinguees ſelon le nombre de ſept. Les quatre principales arts liberales ſont, Arithmetique, Muſique, Geometrie, & Aſtrologie. Arithmetique eſt la premiere, & la plus ſecrette, & plus myſtique de toutes : à cauſe de la contemplation des nombres qui ſont ſecrets & ſituez en l'eſprit de l'homme. Muſique eſt ſur toutes la plus ioyeuſe & recreatiue, deſpendant de l'Arithmetique, pour cauſe que toutes harmonieuſes & delicieuſes conſonances ſont ſituees en comparations des nombres. Geometrie eſt entre toutes la plus vtile, & ſeruant à pluſieurs choſes : & principalement à l'Aſtrologie, laquelle ne peut rien ſans la permiſſion de Geometrie. Et de ce ſe peut facilement donner la raiſon.

Aſtrologie eſt ſcrutatiue des orbes & ſpheres celeſtes , conſiderant leur mouuemens , leurs diſtances , leurs coniunctions & oppoſitions , leurs haulteurs & ſpiſſitudes , leurs centres, circonferences, & diametres. Leſquelles choſes ne ſe peuuent aucunement ſçauoir, ſans l'inſtructiõ de Geometrie, en laquelle on determine tous ces propos par leurs deffinitions & raiſons.

Les Aſtrologiens dient que toutes les eſtoilles ſont ſituees au huictieſme ciel, nommé le Firmament, & que la moindre eſtoille viſible eſt plus grãde ſix fois que toute la terre. Ce qui ne ſe peult bien cognoiſtre ne ſçauoir ſans auoir premierement comprins par art de Geometrie la mesure & la quantité de toute la terre, tant en sa circonference qu'en son diametre.

La veue de l'homme se termine au firmament par l'aspect & intuitiõ des estoilles: par dessus lesquelles n'y a plus quelque luminaire mondain, lequel on puisse veoir, & à l'œil perceuoir. Et y a plusieurs estoilles lesquelles on ne peult veoir à l'œil, car elles sont de moindre quantité que les estoilles visibles transcendans la quantité & grandeur de toute la terre.

Les sept Planetes sont tous visibles, & singuliers & solitaires chacũ en son propre ciel, comme vn grand seigneur en sa maison: car ce sont les hauts seigneurs & gouuerneurs du monde lesquels pour leur dignité & maiesté veulent estre chacun seul, & vnique en sa propre maison.

Les Astrologiens disent que le Soleil est cent soixante & six fois plus grand que toute la terre. Ce dict est fort incredible aux gens vulgaires, estimans la grandeur du Soleil seulement selon le iugement de l'œil, auquel sẽble le Soleil n'estre plus grand qu'vn grand plat, ou vn van. Mais par l'aide de Geometrie, en mesurant les diametres & hauteurs des orbes celestes, l'engin & l'entendement a autre iugement que l'œil, lequel ne iuge selon le vray. Thales Milesius l'vn des sept Sages de Grece, disoit que le Soleil estoit sept cents vingt fois plus grand que la Lune.

L'entendement iuge la terre en comparaison des orbes celestes estre de nulle grandeur, mais comme vn simple poinct & centre de tout le monde. Il iuge la Lune estre plus petite que la terre, & la plus basse des Planetes: disant aussi & iugeant que tous les Planetes (fors la Lune) sont plus grands que toute la terre. Et à ce sçauoir est requise l'art de Geometrie.

Les eclipses du Soleil & de la Lune, se font par les diametrales coniunctions & oppositions desdicts Planettes: car quand la terre est entre le Soleil & la Lune diametralement interposee, aduient l'eclipse de la Lune: laquelle pour l'obscurité de la terre ne peut receuoir la lumiere du Soleil, & se demonstre obscure. Et quand la Lune est directement soubs le Soleil, empeschant la veue du Soleil, si que l'œil humain ne peut entierement veoir le Soleil, adoncques eschept l'eclipse du Soleil. Et ne faut entendre qu'en ce cas le Soleil perde sa lumiere: car il est tousiours luisant, serein, & ardant au ciel. Mais l'interposition de la Lune estant de par soy obscure, empesche la veue & le regard du beau Soleil.

Les Astrologiens considerans le mouuement des Planetes, y mettent six distinctions,

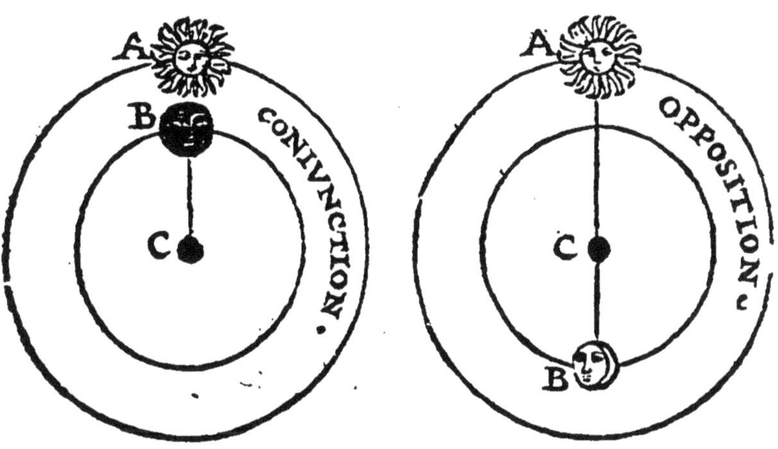

selon leurs aspects, & situations. C'est à sçauoir la conionction, l'opposition, l'aspect triangulaire, quadrangulaire, pentagonique, & hexagonique: & non plus. Car de l'aspect heptagonique, ou plus distant, ne font gueres de mētiō car lesdicts Planetes en diuersité de tels aspects, selon les diametres ou figures Geometriques, ont diuerses influences,

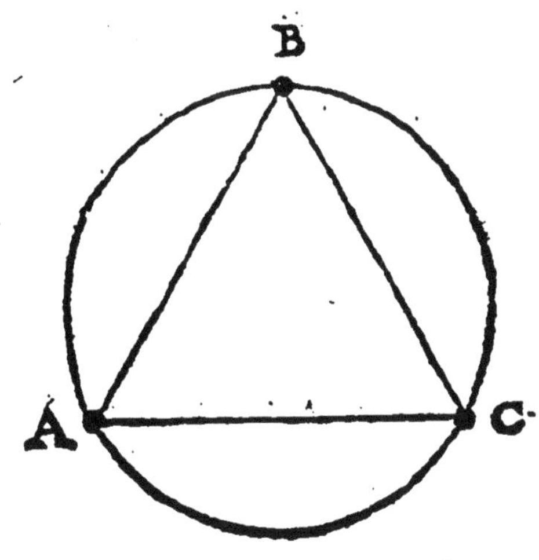

& cau-

& causent au monde inferieur plusieurs effects & beaucoup diuers : comme il appert premierement en ces deux cercles cy deuant figurez : esquels le Soleil & la Lune sont en regrd de conionction & d'opposition : ayans en telles situations diuerses vertus & influences à produire diuers effects. Si deux ou trois Planetes sont en situation triangulaire, comme les poincts A& B, ou B, & C, ou A, & C, par la raison du triangle ils ont autres vertus qu'ils n'ont en l'aspect tetragonique, ou pentagonique, ou hexagonique, à produire au monde inferieur ou bien ou mal.

Les Astrologiens disent que chacun Planete (sauf le Soleil) a trois mouuemens, l'vn impropre, par l'excellence & vertu du mouuement du plus haut ciel, lequel est nommé en Latin *Primum mobile*, C'est à dire le premier mouuant : lequel en chacun iour naturel contenant vingt quatre heures, tourne au tour de la terre d'Orient en Occident: & emporte & tire auecques soy tous les cieux inferieurs, tant le firmament ayant en soy les estoilles, que les sept Planetes solitaires en leurs maisons.

Le second mouuement des Planetes, est leur propre & special mouuement, chacun en son ciel tournant contre le premier de l'Occident en Orient, & en diuers temps: comme la Lune en vingt huict iours: le Soleil en vn an: & les autres, selon la diffinition d'Astrologie, quasi en vn an, ou en vingt-huict, ou en trente ans.

Le tiers mouuement desdicts Planetes (excepté le Soleil) est par leur epicycle, dedans lequel ont vn singulier mouuement d'Orient en Occident: & ce non au tour de la terre, mais en la spissitude de leur propre ciel, contenant en soy l'orbe de l'epicycle, dedans lequel se meut l'orbe du Planete eccentriquement à la terre.

Le seul Soleil est exempt de tel mouuement: car il n'a point d'epicycle, & se meult plus simplement que les autres en son simple ciel: ce qui denote & signifie la grande perfection du Soleil, comme soy mouuāt par soy-mesme, sans indigence d'epicycle ou organe materiel: & en ce cas representant en l'hōme le mystere de la raison & de l'entendement: lequel, comme la principale cognoissance humaine, se meult & fait son operation subtilement & secretement, sans l'aide & indigēce d'organe materiel: & suit tousiours le vray moyen, sans aucunement errer & deuier. Mais les cinq sens de nature, & l'imaginatiō, representant les six Planetes errans & deuiās, ne la latitude du Zodiaque, ne se peuuent par ſoy mouuoir ne faire leurs operations ſans l'aide & indigence de l'organe materiel, repreſentant l'epicycle des Planetes : leſquels

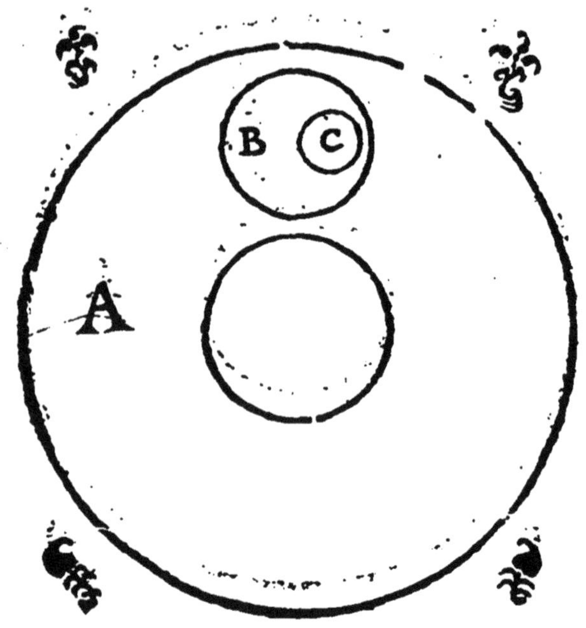

ne ſe peuuent mouuoir ſinon dedans leur epicycle, auſquels ils ſont eccentriques & de centres diuers: comme ſi le ciel de la Lune eſt ſignifié par A, & ſon Epicycle par l'orbe B, & le corps de la Lune par le petit orbe, C, eccẽtrique à l'orbe B, ſoy mouuant dedans luy.

Icy auons faict vne petite euagation, pour demonſtrer & faire apparoir euidemment que l'art d'Aſtrologie eſt fort ſubalterne à la Geometrie, & que ſans ſon aide & vtile permiſſion elle ne peult rien : comme auſſi eſt la Muſique ſubalterne à l'art d'Arithmetique, à

O ij

cause des numerales proportions, esquelles sont contenues & fondees toutes les consonances necessaires à la Musique.

Pareillement est l'art de Perspectiue subalterne & subiect à la Geometrie: car ladicte Perspectiue est comprinse sur l'art des mi-

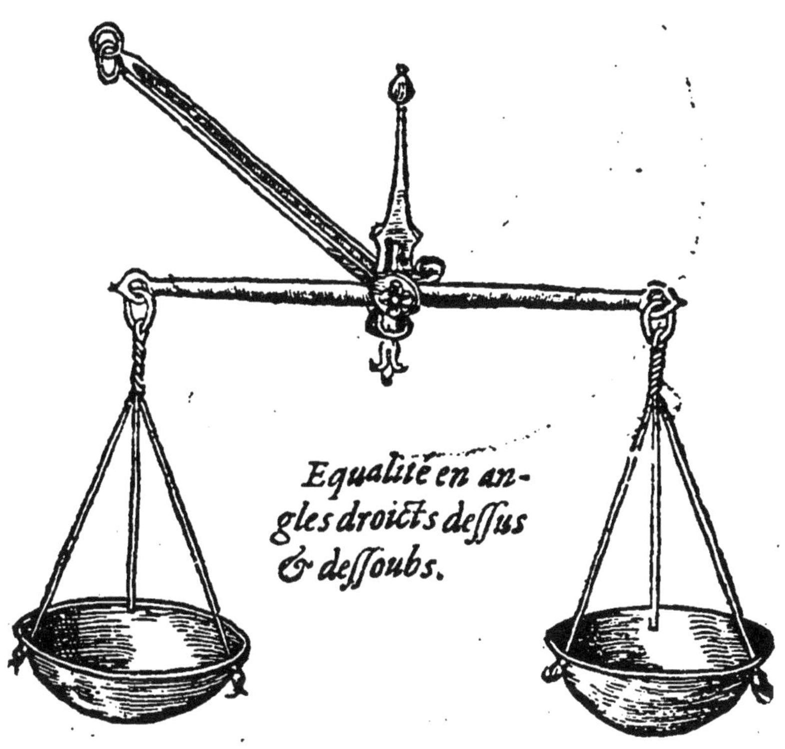

rouers, & sur la reuerberation & directiō des rais visibles cheans droict ou soy reciprocans en l'œil. Laquelle chose ne se peult bien cognoistre sans sçauoir par Geometrie la nature des angles droicts & obliques, & des lignes perpendiculaires & non perpendiculaires.

Il y a vn art singulier nommé *De ponderibus*, c'est à dire des pois, seruant à contrepeser toutes choses qu'on veult. Ledict art est situé sur la balance, nommee en latin, *Bilanx*. Et est l'instrument ordinaire faict à tout contrepeser. Ledict instrument en equalité des poix obserue les angles droicts, de l'examen sur les deux bras que des bras à leurs dependences. Et quand il y a inequalité & obliquité de la contrepesante, les angles tant de dessus que de dessoubs, sont obliques, & inesgaux. Parquoy ledict art se demonstre clerement subiect & subalterne à la Geometrie, donnant à cognoistre la nature & distinction des angles droicts, agus, & obtus.

Et puis que sommes entrez en la matiere & mention des pois, ferons vne ioyeuse euagation, pour recreer & resiouir le lecteur: C'est que les deux superieurs elemens, l'air & le feu, montans naturellement en haut, ne se peuuent peser, ne discerner par la raison du pois: car ils sont legers, & n'ont quelque pesanteur: dont y a vn prouerbe Latin: *Fumum, aut aerem, aut vaporem, aut nubem in statera appendere*. C'est à dire: Mettre la fumee, ou l'air ou vapeur, ou la nuee en la balance. Qui signifie faire chose superflue, ridicule, & impossible. Les deux elemens inferieurs, l'eau & la terre, sont naturellement pesans, & en bas descendans dont plusieurs voulans discerner la bonté de l'eau, la font peser, disans que la plus legere eau est la plus saine, & la meilleure, pour le corps humain : comme l'eau de pluye est par les Medecins reputee plus legere & plus saine que l'eau terrestre: l'eau de riuiere, meilleure que l'eau de puis, ou d'vn estang: les eaux Orientales, plus legeres que les Occidentales : & les eaux Meridionales, plus saines que les Aquilonaires. Et ce aduient pour la prochaineté du Soleil, rendant les eaux voisines plus legeres & plus salubres, pour le corps humain. L'eau de la mer est grosse, pesante, & terrestre, & salee: dont elle se rend inutile & insalubre à faire bruuage & potion humaine.

Et iaçoit qu'en la nature de discerner la valeur de plusieurs biens, la legereté soit preferee à la pesanteur : ce neantmoins y a il grande exception: car plusieurs biens de terre sont mieux estimez & prisez par le pois excellent, que par leur legereté: cõme il aduiẽt en la nature des metaux, & des pierres : lesquels on prise plus au pesant qu'au leger. Et aussi en la nature du bois: car le bois tant plus est pesant & plus compact, tant est il meilleur ou à ouurer, ou à brusler, & à faire cendres.

Le bois de Gaiac, lequel à present est en grand bruit, pour la medecine qui en sort, vtile à plusieurs maladies, est si compact & pesant, qu'il descend incontinent comme vne pierre au fond de l'eau & ne peut dessus l'eau nager, comme font les autres bois. Et est si gras & succulent, que incontinent il prend la flamme, & brusle comme vne chandelle.

Des viandes qu'on met de coustume à la table des gens de bien, la premiere est le pain, la derniere le fromage, lequel les Espaignols (mieux que nous) l'appellent le fermage, à cause qu'il ferme la table, & l'estomach: & est le mets dernier. Ces deux extremes viandes ont leur iugement de bonté par le plus leger & le plus pesant. Le pain par leger, & le fromage par le pesant & le plus compact. Dont les commũs Latins (en forme de prouerbe) dient ioyeusement, *Panis occulatus*, *&* *Caseus cacus*: c'est à dire, que le pain œillé, cler & rare: & le formage aueugle & bien pressé, sont les meilleurs. Dont par contraire derision dient, *Caseus argus*, *Panis cacus*, *insalubres*: C'est à dire, Formage voyant clair & œillé, & pain pressé & aueugle, ne sont fort bons.

Aussi communément deux fruicts y a,

qu'on met souuent à l'issue de la table, c'est à sçauoir la pomme & la poire: lesquels en leur bonté sont differens (comme dessus) par le leger, & le pesant. La pomme, par la ronde figure, & par le leger se iuge la meilleure: & au contraire, la meilleure poire est la plus pesante & plus pyramidale: de laquelle figure aussi elle porte son nom.

Et pour faire fin sur le propos de la Geometrie, duquel sommes sortis, Archimedes natif de Syracuse en Sicile, par le moyen de ladite art (en laquelle il estoit fort ingenieux & excellent) defendit long temps ladicte ville de Syracuse contre la puissance de Marcus Marcellus, Consul Romain: ledict Consul auoit commandé à tous ses gens, que quand la ville seroit prinse, on ne fit quelque mal audict Archimedes, mais qu'il luy fut gardé vif, à cause qu'il s'en vouloit seruir & aider. Mais par mesprinse & inaduertence d'vn soldat en la chaude victoire fut ledict Archimedes occis ayant les yeux ententifs contre terre à faire ses despeings Geometriques: dont Marcellus fut fort marry, & luy fit faire vn sepulchre beau & magnifique hors la ville, auquel il fit son corps poser, & de ses vertus intituler. Et iaçoit que ledict Archimedes fut grand & subtil Geometrien, neantmoins il ne sceut iamais venir à bout de trouuer & inuenter la quadrature du cercle, iaçoit qu'il prinst grand peine à la trouuer : laquelle de nostre temps est inuentee & affermee sans grand labeur.

Sur ce propos retirons la plume craignãt que nostre Geometrique euagation ne soit trop exorbitante & transcendante les metes de nostre intention. Parquoy n'en parlerons plus, & de dire ferons fin.

HVICTAIN AV LECTEVR.

Si Ptolomee fut des Egyptiens
Tant cher tenu pour ses sciences belles,
C'est bien raison que reueré des siens
(Amy Lecteur) soit Charles de Bouëlles.
Cosmographie & le cours des estoilles
Elegamment Ptolomee a descript:
Et Bouillus les sciences pareilles
En Beau François redige par escript.

Fin de la Geometrie pratiquee de Charles de Bouëlles Chanoine de Noyon.

TRAICTÉ DES MESVRES GEOMETRIQVES DES HAVTEVRS

accessibles, ou inaccessibles, & de toutes choses plaines ou profondes, selon leur longueur, largeur, & profondité, Par M. Iean Pierre de Mesmes, auec annotations.

PROPOSITION. I. *Chap. 1.*

Pour entendre les mesures Geometriques, conuient sçauoir & proposer aucuns preceptes & preambules introductoires.

Geometrie, quoy.

GEOMETRIE, est la science des grandeurs, & de toutes formes ou figures, desquelles la contemplation ou cognoissance gist en la grandeur. Et pour donner à entendre aux nouices, & encor peu vsitez en cest art, ce mot & vocable *Geometria*: il est à sçauoir, que c'est vn mot Grec, qui vaut autant à dire, tourné de leur langage au nostre, que mesure de terre. Car ils nomment la terre, γῆ: & μέτρον, est à dire mesure.

De Geometrie, & des inuentions d'icelle.

Les premiers inuenteurs de ceste science, selon que dit Alphorabe, ont esté les Egyptiens, pour la necessité de la diuision des termes & bornes, de leurs terres, lesquels termes & bornes, le Nil, au temps de son inundation & regorgement, couuroit de fange, en sorte qu'on ne les pouuoit recognoistre, apres les inundations passées: qui estoient cause de confusion. Pour à quoy remedier, les Egyptiens, apres que les eaux estoient retirées, les diuisoient iustement, par regles & principes de Geometrie, & rendoient à vn chacun ce qui luy appartenoit. Mais combien que premierement ceste science ait esté trouuée pour l'vtilité & commodité de mesurer la terre, dont elle porte le nom: toutesfois ceux, qui ont esté depuis les inuenteurs, ont appliqué sa consideration à plusieurs autres choses, desquelles ou la cognoissance sembloit estre profitable, ou l'exercice recreatif, ioyeux, & delectable.

Et ne se faut esbahir, si ceste science (comme aussi les autres) a esté inuentée par necessité, & pour l'vtilité. Car tout ainsi que nous lisons, que la science des nombres, de compter, getter, & calculer, qui se nomme Arith-

Origine de l'Arimethique. metique, a esté trouuée par les Pheniciens, pour suruenir à la necessité des marchãds en leurs contracts, troques & commutations des marchandises : ainsi a esté la Geometrie inuentée par les Egyptiens, pour leur seruir au besoing, comme a esté dit cy dessus. Et non seulement la Geometrie & Arithmetique est inuentée pour la necessité & profit, mais aussi toutes les sciences: suyuant ce que l'on dit en vn prouerbe commun: La necessité a inuenté les arts & sciences.

Les vtilitez de Geometrie. L'vtilité & profit de ceste science, est cogneu par la pratique & experience, quand par les instrumens on apprend plusieurs manieres de mesurer. Elle est mere de la Perspectiue, & de tous ars mechaniques: à cause desquelles elle est fort vtile à la nature humaine. Car les preceptes, regles, & traditions de ceste science tous instrumens de guerre, comme canons, bombardes, couleurines, harquebuzes, arbalestes, & beliers, bref, tous bastõs à feu & de deffense, ont esté inuentez, faits, dressez, & mis en vsage. Par ceste mesme science on fait les quadrans & horloges d'infinies sortes, pour monstrer les heures. Elle donne à cognoistre les situations des lieux, & les diuisions de la mer, & de la terre. Elle monstre à composer & faire les balances & tresbuchers. Elle fait veoir, comme à l'œil, tout l'ordre & diſpoſition de l'Vniuers, par images & figures. Ceſt elle, qui a donné à cognoiſtre aux hommes les diſtances & magnitudes des corps celeſtes, c'eſt à ſçauoir des cercles, ſpheres, & eſtoilles. C'eſt elle, qui a deſcouuert pluſieurs choſes, qui, par l'aueugleſſe & ignorance des hommes eſtoient cachées au parauant à tous, & enſeuelies en tenebres. Bref, elle a rendu manifeſtes & probables, pluſieurs choſes, qui de ſoy ſembloient eſtre du tout impoſſibles.

Or dit on, que Thales Mileſien, eſtant allé en Egypte, fut le premier, qui en apporta ceſte ſcience en Grece: laquelle ſcience il enrichiſt de pluſieurs belles & merueilleuſes inuentions. Apres lequel fut Ameriſte fort ſtudieux de la Geometrie. Puis Anaxagoras de Clazomene, & Thodore de Cyrene. Mais ſur tous le premier, qui la redigea en art, & eſcriuit elemens, & regles demonſtratiues d'icelle, ce fut Hippocras, comme lon dit. Apres lequel Platon ſuccedant l'augmenta de beaucoup: puis, beaucoup d'autres, apres luy. Mais Euclide a eſté celuy, qui a recueilly & aſſemblé de tous ceux qui auant luy ont eſcrit de ceſte ſcience, les elemens, principes & definitions d'icelle,

Or eſt il beſoin de ſçauoir, qu'il y a deux *Deux eſpe-*

ces de Geometrie. especes de Geometrie : l'vne est Theorique, & l'autre, Pratique.

La Theorique, est celle qui considere les quantitez, proportions, & mesures des choses, seulement par speculation, & contemplation d'entendement.

Mais la Pratique, est celle, qui mesure les quantitez incogneues des choses par sensible experience.

Trois manieres de mesurer. Il y a trois manieres de mesurer, qui sont le plus en vsage : c'est à sçauoir, Altimetrie, Planimetrie, & Stereometrie : selon qu'il y a trois sortes de dimensions ou quantitez : c'est à sçauoir, hauteur ou longueur, plaine, & corps. *Hauteur, ou longueur.* *Plaine, ou place.* *Corps.* Hauteur ou longueur, est vne dimension sans largeur. Plaine ou place, est vne dimension, qui a longueur, & largeur, sans profondité. Mais corps a longueur, largeur, & profondité.

Altimetrie. *Planimetrie.* *Stereometrie.* Altimetrie, apprend à mesurer les quantitez, selon vne dimension ou diuision : c'est à sçauoir, selon la longitude seulement. Planimetrie, monstre à mesurer les quantitez selon la longitude & latitude. Stereometrie enseigne les corps & quantitez solides, selon la longitude, latitude, & profondité. Et est ainsi appellée de ce mot Grec στερεὸς, qui signifie autant que chose solide ou corporelle : & d'vn autre mot aussi Grec μέτρον, signifiant mesure comme qui diroit, mesure des choses ou corporelles. Et sont appellées choses solides ou corporelles, qui ont en soy trois interualles ou dimensions, c'est à dire, tout ce qui s'estend en longitude, latitude, & profondité. Selõ la premiere maniere nous mesurons les dimensions des lignes, ou quantitez linaires, selon la seconde, sont mesurées les dimensions superficielles, planices, ou ou formes plattes : & selon la tierce, lon mesure les dimensions corporelles & solides.

Mesurer, quoy.

Mesurer aucune quantité, c'est trouuer cõbien de fois quelque mesure commune, & quasi par-tout cogneuë, est trouuée en la quantité : ou quelle partie ceste quantité est de ladite commune quantité, ou combien de parties d'icelles elle contient. Et les mesures, ou quantitez fameuses sont celles qui sont communes à tous païs, ou bien, vsitées & accoustumées en plusieurs : comme sont, le doigt, la paulme, le pied, la coudée, le pas, la perche, le stade, le miliaire, la lieuë & autres semblables.

Quantité fameuse, quoy.

Figure au pied Geometrical de 4. paulmes, ou 16 doigts.

Doigt.

Le doigt, est la moindre mesure, dont les anciens vsoient à mesurer les champs, contenant quatre grains d'orge en largeur, conioincts & contiguz l'vn à l'autre: & en est telle la figure. ▬

Paulme.

La paulme contient quatre doigts en largeur: comme voyez en ceste ligne.

Pied. Le pied contient quatre fois autant que la paulme: comme voyez en ceste figure en marge.

Figuratio pedis 4or palmos cōtinens.
4 ordei grana
digitus.

Couldée. La couldée contient vn pied & demy: aucuns l'appellent vne aune.

Pas. Le pas contient cinq pieds.

Perche. Ray. La perche à arpenter & mesurer les terres, qu'on appelle Ray, c'est vne verge longue de dix pieds: & de là vient que les Latins la nomment *Decempeda*: ou bien *Pertica*, d'vn nom venant du verbe, qui signifie, porter: parce que ceste perche est tousiours portée par l'arpenteur, quand il faut qu'il mesure les terres.

Stade. Le stade contient cent vingtcinq pas: & vaut autant à dire comme station, ou arrest: pour autant que les ieunes gens, au pris de la course, s'arrestoient & faisoient station, apres qu'ils auoient couru cent vingtcinq pas: ou bien, pource que Hercules, sans reprendre son halaine, couroit vn tel espace, & puis s'arrestoit.

Miliaire. Le miliaire contient huict stades, qui font mille pas: dont ce mot miliaire est venu.

Lieue. La lieuë contient vn miliaire & demy, c'est à sçauoir à sçauoir mil cinq cens pas.

Altimetrie a trois parties : desquelles l'vne mesure les altitudes selon la longueur seulement : l'autre mesure les plaines seulement aussi selon leurs longitudes : & la tierce mesure les quantitez profondes.

Mais generalement les principes & regles de tous mesurages, sont semblables. Car (cô-

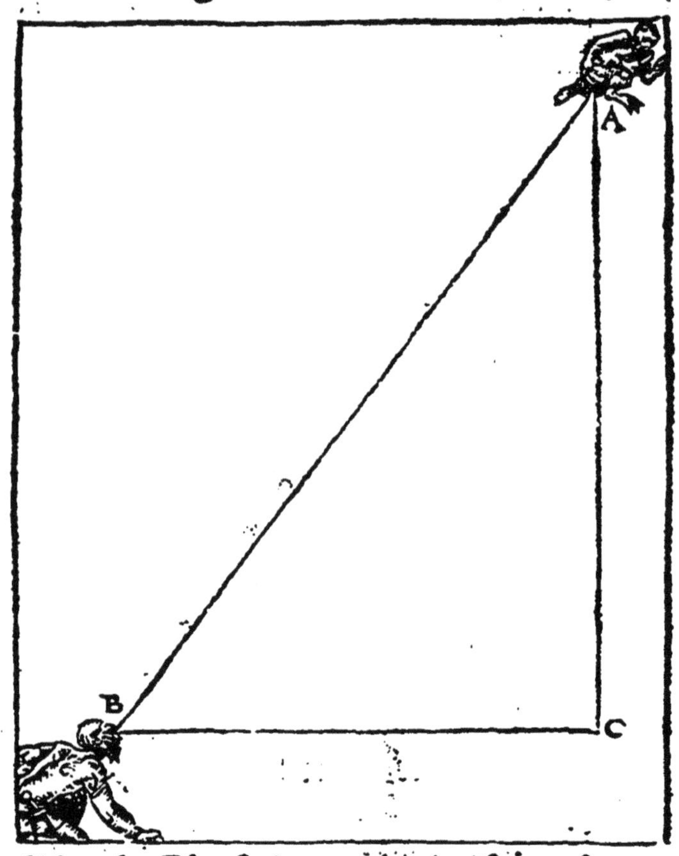

me disent les Physiciens) toute vision est produicte & causee dedans, en receuant en so les especes & semblances des choses visible

& la quantité de la chose visible, est comprinse sous aucun angle aigu, par maniere de base ou soustenement : & tant plus l'angle est aigu, d'autant la raison iuge la quantité estre moindre: selon ce principe & regle notable, qui dit, qu'à l'angle moindre & plus aigu, correspond la moindre base. Et par ainsi en la vision de quelque hauteur, l'altitude tient le lieu d'vne ligne droicte ou perpendiculaire, l'espace tient le lieu d'vne autre, & la ligne visuelle tient le lieu de la tierce : desquelles trois lignes est constitué vn triangle rectilineal orthogone, c'est à dire, à lignes & angles droicts. Et par ainsi toute altitude, espace, ou profondité, qui est à mesurer, doit tousiours estre imaginee selon lignes droictes: comme il appert en la figure cy mise, figurée par A, B, C. Et l'altitude auec l'espace font tousiours l'angle droit, qui est C: & aucunesfois sous l'angle B, est comprins l'estat A C: aucunesfois aussi sous l'angle A, nous comprenons B C. Et par ainsi selon la petitesse de ces deux angles aiguz A, B, est comprinse la chose estre plus grande, ou plus petite : & ce par le sens de l'œil auec le iugement de la raison.

ANNOTATION.

Les Anciens inuenteurs de la Geometrie, nous ont laissé de trois sortes de triangles, enfermans toute superficie triangulaire par trois lignes droites; qui font à leur rencontre trois diuers angles.

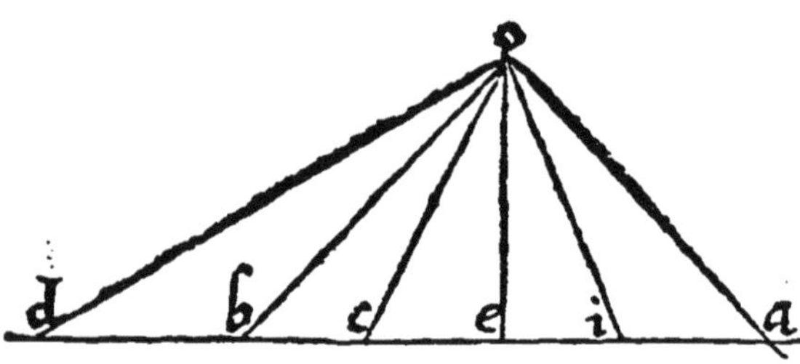

La superficie, qui est garnie de trois costez & trois angles egaux fait vn triãgle parfait: & pource est appellé Isopleure, c'est à dire, d'egaux costez, comme voyez en OCI.

Celle superficie, qui a deux costez egaux, & vn tiers inegal, se nomme Isoschele, c'est à dire, Iambegal, ou ayant deux iambes egales, comme appert, AOB.

Et celle superficie, qui a ses trois costez inegaux, se nõme Scalene, c'est à dire en toutes lignes inegal, comme en AOD, *ou* ODB: *desquelles trois especes Euclide donne particuliere deffinition à l'entree de son premier liure. Or tout ce petit traité, qui s'ensuit, fera mention de deux especes de triangle participãs,* quant à leurs costez, aux deux dernieres especes cy dessus declarées: car l'une des deux, ayant deux costez & deux angles egaux, & un angle droit, comme OBE, doit estre nommé triangle Isoschele orthogone. Lequel mettrons en usage en la prochaine soixante & uniesme proposition: & l'autre espece auãt ses trois costez diuers, & deux angles tousiours inegaux, & tousiours le tiers droit, comme OED, ou bien OCE, se doit nommer triangle Scalene orthogone, lequel pratiquerons cy apres es autres subsequentes propositions.

Ie diray encore ce petit mot, touchant les triangles orthogones, que si en un quarré parfait, i'entens qui est garny de quatre costez egaux, & quatre angles droits, vous tirez d'un angle à l'autre opposite une droite ligne, pour certain vous ferez de tout ce quarré deux Isoscheles orthogones.

Par ainsi un Isochele orthogone n'est autre chose, que la moitié d'un quarré parfait.

Au dos de l'Astrolabe vous voyez deux quarrez parfaits ou gnomes. L'un desquels est tousiours mis en usage, & l'autre repose.

Et si en un quarré oblongue ou barlong vous tirez une ligne de l'un à l'autre angle droit, vous ferez deux Scalenes orthogones. Parquoy un Scalene orthogone n'est autre chose, que la moitié d'un quarré plus long que large.

MAIS par ce qu'il n'eſt pas bien poſſible, que le ſens & raiſon cognoiſſent la vraye quantité, ſeroit fort difficile de cõprendre naturellement la certaine quantité de la choſe par ſeule ſcience de perſpectiue. Parquoy les anciens meſureurs des choſes, trouuerent vn art de faire certains inſtrumens, par leſquels on peut facilement cognoiſtre la iuſte & certaine quantité des choſes. Leſquels inſtrumens ſont pluſieurs en nombre,& diuerſes façons,tellement que ſeroit choſe trop difficile & longue d'eſcrire les compoſitions & vſages de tous. Parquoy nous les laiſſerons, & parlerons ſeulement du Gnomon ou quarré,lequel eſt trouué au dos de l'Aſtrolabe:& contiẽt en ſoy l'eſchelle Altimetre.Duquel quadran, ou quarré la ligne de mynuict eſt appellée, Eſtat: & tient le lieu de l'altitude ou profondité. Mais l'eſchelle ioincte à ladite ligne tirée de trauers, eſt dite l'eſchelle de l'vmbre droite,ou eſtendue:& eſt diuiſée en douze parties egales,leſquelles on appelle les doigts ou points du Gnomon de l'vmbre droite. Mais l'eſchelle, qui eſt à la partie oppoſite de la ligne de l'Eſtat,ſituée vers l'armille, eſt la ligne de l'vmbre renuerſée: & les douze diuiſions dicelle ſont les doigts ou poingts de l'vmbre renuerſée. Mais le diametre du quarré eſt appellé ligne de moyenne vmbre. Et la ligne de foy de l'alhidade eſt nommée ligne viſuelle. Pour exemple voyez la figure qui enſuit.

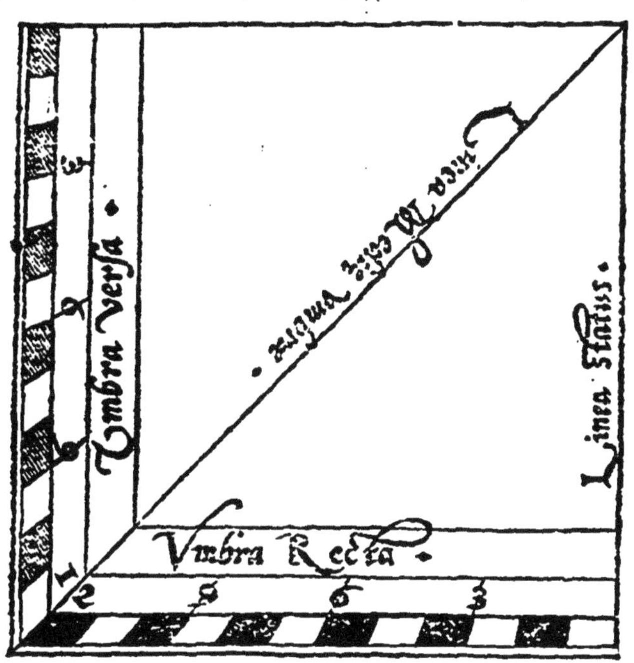

D'AVANTAGE, il faut cõſiderer, qu'en meſurant les choſes, on ſuppoſe qu'elles, eſtans de quantité ou magnitude finie, grande, ou petite, peuuent eſtre diuiſées en douze parties egales, leſquelles nous appellons doigts, ou points : Et par ainſi vn doigt ou vn point nous ſignifie la douzieſme partie de la choſe. Et de ces parties les vnes ſont aucunesfois egales en nõbre auecques l'vmbre, comme en la hauteur: aucunesfois elles ſont moindres en nombre:

& aucunesfois plus, selon que l'vmbre est plus grande, ou moindre, à cause de la diuerse altitude du Soleil, ou de la Lune. Et à ceste occasion le quarré a deux costez, diuisez en douze parties egales: selon lesquelles nous apprenons telles diuersitez des choses, & des vmbres. Quant aux vmbres, il y en a de deux sortes: car il y a l'vmbre droite, & l'vmbre verse ou renuersée. Nous appellons l'vmbre droite, ou estendue, celle, qu'vne chose erigée & dressée à droits angles sur la superficie de l'Horizon, fait en ladite superficie: comme est l'vmbre d'vne tour, d'vn pilier eleué, ou d'autre chose semblable. L'vmbre verse, ou renuersée, est celle, qu'vne chose, equidistante de la superficie de l'Horizon fait sur iceluy Horizon en superficie orthogonelle & à droits angles: comme est l'vmbre d'vn stile fiché en vn mur, ou en vn chilindre, que nous appellõs quadran à berger. Et est à noter, que l'vmbre droite, auant midy, decroist, & se fait moindre continuellement: & apres midy, va tousiours en croissant: Mais l'vmbre verse fait tout au contraire: car auant midy elle croist tousiours, & apres midy cõtinuellement diminuë. Or quand vous aurez prins les points de l'vmbre droite, si vous les voulez reduire aux points de l'vmbre verse, diuisez cent quarante quatre, qui font le

Vmbre droite.

Vmbre verse, ou renuersée.

nombre quarré de douze, par le nombre des points de l'vmbre droite : & le nombre quotient, sera le nombre des points de l'vmbre renuersée. Semblablement, ayant les points de l'vmbre verse, pour les reduire és points de l'vmbre droite, diuisez cent quarantequatre par les points de l'vmbre verse: & le quotient sera le nombre des points de l'vmbre droite.

Il est aussi à noter, que lon peut mesurer les altitudes des choses, par deux manieres, c'est à sçauoir, auecques instrument, & sans instrument. Sans instrument (entendez du vray instrument) ou moyennant l'vmbre de ce que voulez mesurer: ou bien, par la ligne visuëlle, droite, ou reflexe. Les instrumens, qui nous aydent à prendre les mesures, sont plusieurs, & de diuerses sortes, comme dessus auons dit: entre lesquels y en a vn, qui est appellé Gnomon, ou eschelle altimetre. C'est le quadran, ou quarré, lequel est au dos de l'Astrolabe. Par ce quarré nous pouuons prendre les altitudes des choses, moyennant la ligne visuëlle, ou le ray d'aucun corps lumineux, comme auons dit vn peu deuant. Apres auoir exposé sommairement ces preãbules, reste de dire quelque chose des mesurages de Geometrie.

ANNOTATION.

Les diffinitions de l'vmbre verse & droite, que nostre autheur nous baille, se doiuent entendre instrumentalement, & Mathematiquement: car par là vous cognoistrez, que la droite vmbre croistra à mesure que son nombre croistra: mais l'vmbre verse croistra quand son nombre decroistra: & si son nombre decroist, elle croistra.

L'vmbre droite est appellée droite, pource que son corps vmbrageant, est droitement à plomb, planté sur le plan de l'Horizon: & la verse est ainsi appellée, pource que son corps, versé, & couché de son log, la fait renuerser & pancher contre le mur, ou autre chose dressée à plomb. Toutesfois à la verité, s'il faut suyure le naturel des choses, l'vmbre nommée en Geometrie droite, doit estre appellée verse, ou estenduë: pour ce que vous la voyez couchée le long du plan de l'Horizon: & l'vmbre verse doit estre nommée droite, pource qu'elle se tient debout contre le corps, qui porte son corps vmbrageant: toutesfois sans rien innouer nous vserons des vocables de nostre discipline Geometrique, & dirons, parfois, le costé droit, pour vmbre droite, & le costé verse, pour vmbre versée.

PROPOSITION. II.

CHAP. 2.

Moyen de sçauoir prendre la hauteur de quelque corps que ce soit, eleué à plomb sur quelque plaine: & ce par son vmbre.

QVAND vous voudrez mesurer & sçauoir la hauteur de quelque chose accessible, & de laquelle on peut approcher, & ce, par son vmbre, moyennant que ce, que voudrez mesurer, soit eleué perpendiculairement, & à plomb, sur vne plaine, & qu'on en voye les deux bouts, c'est à sçauoir le haut, & le bas: faites ainsi. Si c'est de iour, & que le Soleil luyse, prenez son altitude: & de nuict, l'altitude de la Lune. Et si la ligne de foy de l'Alhidade chet iustement sur la ligne de l'vmbre moyenne, c'est à dire, sur le diametre du quadran, ou de l'eschelle altimetre: sçachez, que lors l'altitude du Soleil, ou de la Lune, sera de quarante cinq degrez, & les hauteurs seront egales à leurs vmbres. Parquoy, prenez la mesure de l'vmbre: &, sans aucune doute, vous aurez la hauteur de la chose, que demandez.

Pour exemple soit mise ceste figure.

L'Vtilite' de ceste partie est fort grande. Car s'il aduient quelquefois, que l'altitude du Soleil, ou de la Lune, ne soit iustement de quarante cinq degrez : attendez vn peu, iusques à ce, que vous ayez ceste altitude en vostre Astrolabe. Et lors par tout l'vmbre sera egale à la hauteur des choses.

En nostre septiesme climat, quand le Soleil chemine par les signes Meridionaux, iamais l'vmbre n'est esgal à la chose qui la faict:

car le Soleil, en temps de Midy, n'est iamais eleué sur nostre Horizon, de quarante cinq degrez. Autre chose est de la Lune: laquelle, pour raison de sa latitude Septentrionale, combien qu'elle soit és signes Meridionaux, quelquesfois est eleuée iusques à quarante cinq degrez. Mais quand le Soleil chemine par les signes Septentrionaux, depuis le neufiesme degré du Belier iusques au vingt & vniesme de la Vierge: tous les iours, si le Soleil luyt, l'vmbre mõstre la hauteur du corps, duquel elle est l'vmbre, à tout le moins, vne fois le iour. Ie dy, vne fois: c'est à sçauoir, quand l'altitude du Soleil à Midy, est precisement de quarante cinq degrez: ce qui aduient, quand le Soleil est enuiron le neufiesme & dixiesme degré du Belier: & semblablement enuiron le vingtiesme & vingt vniesme degré de la Vierge. Mais telle eleuation de quarante cinq degrez, aduient deux fois le iour: c'est à sçauoir, vne fois auant midy & l'autre fois, apres, le Soleil allant depuis l'vnziesme degré du Belier au dixneufiesme de la Vierge. Mais en quel temps du iour, si c'est auant ou apres midy, que cela se faict, vous le pouuez sçauoir par la quatriesme proposition des canons de l'Astrolabe cy deuant mise: tellemẽt que pourrez long temps au parauant dire, que tel iour, à telle heure, deuant,ou apres midy,l'vmbre ſera eſgale au corps dont elle eſt l'vmbre. Et de la Lune le iugement eſt preſque ſemblable, fors que ſa latitude augmente aucunesfois ſa hauteur, & quelquefois la diminuë : & la diuerſité de ſon regard, faict auſſi quelque variation. Parquoy quant à la Lune,la voye la plus certaine eſt,d'attendre,lors qu'elle luyt de nuit, iuſques à ce qu'elle ſoit eleuée de quarante cinq degrez:lors dites les choſes,que voulez meſurer,eſtre eſgales à leurs vmbres.

Seconde partie de ceſte propoſition.

En outre, ſi l'altitude du Soleil, ou de la Lune, ſurmonte quarante cinq degrez, lors ſçachez, que la hauteur de la choſe, de laquelle voulez auoir la meſure,ſera plus grande que ſon vmbre. Et y a telle proportion de l'altitude de ladite choſe à ſon ombre, comme il y a, de douze au nombre des poincts touchez par la ligne de foy de l'Alhidade ſur l'eſchelle de l'vmbre droicte. Comme,ſi quatre points eſtoient touchez par la ligne de foy de l'Alhidade, vous voyez que de douze à quatre, y a proportion triple : parquoy la hauteur de la choſe, que cherchez, eſt plus grande trois fois que ſon vmbre. Et pourtant, en prenant trois fois la longueur de l'vmbre, ce ſera la hauteur que cherchez.

Aussi, si les poincts trenchez par la ligne de foy, sont six, vous voyez que douze à six tient proportion double : parquoy la hauteur de la chose sera double à son vmbre. Et si vous prenez deux fois la quantité de l'vmbre, vous aurez ia certaine quantité de ladicte hauteur. Et ainsi deuez iuger des autres. Mesurez doncques l'vmbre par quelque mesure que cognoissiez, & la multipliez par douze, & diuisez la somme produicte par les points de l'vmbre droit touchez par la ligne de foy: & le nõbre de foy vous monstrera l'altitude de la chose que demandez.

Exemple.

Posez que les points de l'vmbre droit, soiẽt huict, qu'auez trouuez par l'eleuation du Soleil, ou de la Lune. Et l'vmbre du corps, eleué orthogonellement & a droits angles, soit de six perches. Multipliez six par douze, & vous aurez septante deux perches: lesquelles diuisez par huict points d'vmbre droit, trouuez comme dessus: & vous aurez neuf, au quotient. Par ainsi direz que la hauteur du corps, que voulez sçauoir, est de neuf perches.

La figure ſuiuante ſeruira à c'eſt exemple.

ICy deuez noter diligemment, qu'aucunesfois la ligne de foy tranche ſix poincts iuſtement. Ce qu'aduient, quand le Soleil, ou la Lune, eſt eleuée ſur l'Horizon de ſoixante-trois degrez, & enuiron trente, ou quarante minutes. Et lors, l'vmbre droite, de quelque choſe que ce ſoit, a telle proportion à la hauteur de la choſe, comme vn à deux. Mais vn, prins deux fois, fait deux. Parquoy l'vmbre prinſe deux fois, fait & cõſtitue la hauteur de la chose: car l'ũbre lors est la moitié de la chose. Comme si l'vmbre estoit de vingt pieds, la hauteur de la chose seroit de quarante pieds.

Troisiesme partie de ceste proposition.

D'Auantage, si l'altitude du Soleil, ou de la Lune, est moindre de quarante cinq degrez : lors la ligne de foy, cherra sur les points de l'vmbre verse : & l'vmbre sera plus grande, que la hauteur de la chose : laquelle hauteur aura telle proportion à son vmbre, cõme ont les points de l'eschelle verse tranchez par la ligne de foy, à douze.

Exemple.

Soient quatre, les poincts de l'vmbre verse. Or est il ainsi que quatre sont la tierce partie de douze. Parquoy, si prenez la tierce partie de l'vmbre, ce sera la hauteur de la chose. Car en mesme proportion est la hauteur de la chose à son vmbre, comme quatre à douze. Posez aussi, que les points de l'vmbre verse, soient six. Il est certain, que six sont la moitié de douze. Aussi la hauteur de la chose, sera la moitié de son vmbre. Parquoy prenez la moitié de l'vmbre, & vous aurez la hauteur de la chose.

Mesurez

Mesurez doncques l'vmbre de la chose par quelque mesure que cognoissiez: & multipliez ladicte vmbre, par les points de l'vmbre verse, sur lesquels est cheute la ligne de foy: & ce qui en viendra, diuisez par douze: & le nombre quotient vous monstrera la hauteur de la chose, que demandez.

Exemple.

Soient les points de l'vmbre verse, quatre tranchez par l'Alhidade: & l'vmbre de la chose, que voulez mesurer, qui est eleuée droicte & à plomb, sur vn plain, soit de quarante cinq pas. Multipliez l'vmbre, c'est à sçauoir, quarante cinq, par quatre: ils produiront cent quatre vingts: lequel nombre produit, partissez par douze, & vous aurez quinze pour quotient. Concluez doncques que la hauteur de la chose, que desirez sçauoir, est de quinze pas.

Figure pour cest exemple.

OV bien, si vous voulez, par la proposition precedente, reduisez les points de l'vmbre verse, en points d'vmbre droicte, & lors multipliez l'vmbre de la chose par douze, & le produict diuisez par les poincts de l'vmbre reduite, lesquels apres la reduction s'appellent points d'vmbre droicte. Et vous

aurez semblablement au quotient la hauteur de la chose.

Exemple.

Prenons (comme deuant) quatre poincts d'vmbre verse, par lesquels diuisez cent quarante quatre: & vous aurez au quotient, trente six points, qui maintenant sont appellez les poincts d'vmbre droicte: & les gardez à part. Et apres multipliez l'vmbre dessusdicte de quarante cinq pas, par douze : qui produiront cinq cens quarante : lesquels diuisez par trente six points reduicts, & vous aurez (comme dessus) quinze au quotiẽt. Parquoy pouuez dire que la hauteur de la chose comme d'vne tour, est de quinze pas.

Quant à ceste derniere partie, est à sçauoir, qu'aucunesfois, quand on prend la hauteur du Soleil, de la Lune, ou d'autre corps lumineux, la ligne de foy tranche six poincts de l'eschelle de l'vmbre verse precisement & iustement. Ce qui aduient, quand le Soleil, ou la Lune, sont eleuez sur l'Horizon de vingt six degrez & trente minutes, ou enuiron. Lors l'vmbre droicte de toute chose à telle proportion à la chose qui faict l'vmbre, comme deux à vn. Mais deux contient deux fois vn. Par ainsi l'vmbre droicte est deux fois plus grande, que la chose : & la moitié de l'vmbre est, & monstre parfaictement, & au vray l'altitude de ladite chose. Comme, si l'vmbre de l'arc de la tour, estoit de soixante pieds, la tour seroit haute de trente pieds.

Vous pouuez aussi augmenter ceste proposition, selon ses trois parties, par les choses dictes en la proposition precedente. Car le ray du Soleil, ou de la Lune, tient le lieu de la ligne visuelle : l'vmbre, tient le lieu de l'espace: & la chose eleuee tient le lieu de l'estat. Parquoy par ces trois choses est faict & constitué vn triangle orthogone rectilineal, c'est à dire, à angles droits, & à lignes aussi droictes. Et ce appert assez, par les trois exemples des figures adiousteees.

ANNOTATION.

La regle de l'instrument, & vne partie du costé droict, ou verse, que la regle decouppe, & la ligne de my-nuict, ou bien la ligne trauersante font sur le dos de l'instrument vn petit triangle orthogone. Il se fait vn autre grand orthogone, conforme au petit en angles, par le rayon du corps celeste, & par la longueur de l'vmbre, & par son corps vmbrageant eleué à plomb.

Le premier orthogone nous baille tousiours deux quantitez, sçauoir est, la totale eschelle douze, & vne partie de l'eschelle.

Le grand orthogone nous baille vne seule quantité, qui est celle de l'vmbre.

Et tout ainsi que la partie de l'eschelle se rapporte à toute l'eschelle: semblablement l'vmbre (dont vous auez la quantité par vne mesure commune, comme d'vne toise, ou perche) a son corps vmbrageant. De ces quatres quantitez, les trous vous sont cognuës, sçauoir est, les parties de l'eschelle, la mesure de l'vmbre, & toute l'eschelle. Vous aurez doncques la quatriesme quantitè, monstrant la hauteur de la tour.

ConclueZ icy, que les parties trouuees entre la ligne de my-nuict, & la regle au costé de l'vmbre droicte, seruent tousiours de diuiseur. Mais si les parties sont entre la ligne trauersante, & la regle au costé de l'vmbre verse, lors toute l'eschelle douze seruira en la partie proportionale de diuiseur, comme verrez au prochain exemple.

PROPOSITION. III.

Chap. 3.

Moyen de mesurer & trouuer la hauteur de toute chose accessible, eleuee sur vn lieu plain & egal: & ce, autrement que par son vmbre.

METTEZ l'Alhidade, ou la ligne de foy au milieu du quarré, ou de l'eschelle, c'est à dire, sur la ligne du moyen vmbre, ou sur quarante cinq degrez de la quarte des altitudes. Et apres que aurez leué & pendu vostre Astrolabe contre la hauteur de la chose que voulez mesurer, remuez vous en arriere, ou en auant, tant, & iusques à ce que la ligne visuale, passant par les deux pertuis des pinnules, rencontre la hauteur & sommet de la chose: c'est à dire, iusques à ce que voyez le haut de la chose par les deux pertuis des pinnules. Cela fait, mesurez l'espace, qui est depuis le my-lieu de vostre pied, iusques à la racine, ou base de la chose eleuee: en adioustât la quantité & hauteur de vostre stature, c'est à sçauoir, depuis vostre œil ou veuë, en bas: & la comptant le long du plan, vous l'adiousterez tousiours derriere vous. Et autant grande que sera ceste quantité, autant haute iustement sera la chose, que mesurez.

Exemple.

Soit vne tour, eleuée en quelque lieu plain que voulez mesurer, A B. Mettez la ligne de foy sur la ligne de l'vmbre moyenne, puis regardéz par les deux pertuis de l'Alhidade, tant que voyez la hauteur de la tour. Et soit l'espace entre la base de la tour & le milieu de vostre pied, B D: & la lõgitude de vostre stature depuis vostre œil iusques en terre I D: laquelle deués adiouster, en la reiettant en derriere à l'espace D B. Et vous appellerés tout l'espace, apres ladite additiõ faite, I D B lequel espace mesurés auecques vne mesure, que cognoissiés: & vous verrez, qu'elle est egale à la hauteur de la tour, de laquelle vouliez sçauoir l'altitude.

Figure seruant à cest exemple.

PROPOSITION. IIII.

Chap. 4.

Comment on doit prendre la mesure d'vne hauteur mise deuant nous, sans se remuer, ou changer du lieu, ou vous estiez premierement.

POur faire ce, qu'auons mõstré en la proposition precedente, sans bouger de vostre place, mais tenant le pied ferme en vn lieu, faites en ceste sorte. Leuez vostre Astrolabe, & dressiez l'Alhidade tant que puissiez veoir la hauteur de la chose par les deux pertuis des pinnules. Lors si la ligne de foy tõbe sur le costé de l'vmbre droite ou estendue, cela signifie, que la chose est plus haute, que n'est l'espace d'entre sa base ou racine, & le mylieu de vostre pied. Et quelle sera la proportion entre douze & les points tranchez par la ligne de foy, telle & semblable proportion sera entre la hauteur de la chose, & l'espace, qui est entre vous & ladite chose, en adioustant vostre hauteur audit espace, comme dessus auons dit.

Ce que deuez ainsi pratiquer. Gardez le nombre des points tranchez par la ligne de foy en l'vmbre droite. En apres, mesurez l'espace, qui est comprins entre la racine de l'altitude de la chose, qui est à mesurer, & vostre pied, par quelque mesure commune, a vous cogneuë, comme par pieds, ou par pas, ou autre. Et soient multipliez par douze: & le produit soit diuisé par le nombre des points dessus gardé. Et le quotient, qui viendra de ceste diuision, sera la hauteur de la chose, que mesurez, en adioustant la quantité & altitude de vostre stature.

Exemple.

Soit à mesurer vne hauteur, B C: & l'espace ou distance, C D, de cinq pas: c'est à sçauoir, depuis la base, ou racine de la hauteur iusques à vostre pied: & vostre stature D E, soit de deux pas & les points de l'eschelle d'vmbre droite tranchez par l'Alhidade, ſoient ſix. Multipliez l'eſpace de cinq pas par douze,& prouiendront ſoixante pas: leſquels diuiſez par ſix points droits, il y aura dix pas: auſquels adiouſtez voſtre ſtature de deux pas, ce ſeront douze pas: qui eſt la hauteur de la choſe que meſurez.

La figure de ceſte demonſtration eſt telle que voyez.

Mais ſi la ligne de foy chet ſur le coſté de l'vmbre verſe: lors l'eſpace entre vous & la baſe de la choſe eleuée, auecques voſtre ſtature, eſt plus grand, que l'altitude de ladite choſe: & en la proportion, qu'il y a de douze aux points tranchez par la ligne de foy, en semblable proportion sera la hauteur de la chose à mesurer, à l'espace qui est entre vous & la base de ladite chose, en y adioustant tousiours vostre hauteur & stature.

La pratique de ceste partie, est telle. Gardez à part les points de l'vmbre verse tranchez par la ligne de foy. Puis mesurez l'espace, qui est entre vous & la racine ou base de la chose que voulez mesurer: & ce, par quelque mesure cogneuë. Multipliez puis apres ledit espace par les points de l'vmbre verse, dessus gardez. Et diuisez par douze ce, qui en viendra. Et vous aurez au quotient la quantité ou hauteur de la chose, que mesurez, en y adioustant la hauteur de vostre stature, comme dessus.

Exemple.

Soit la hauteur de la chose à mesurer, F G: & l'espace entre vostre pied & la racine de la hauteur, soit G H, de quarante pieds: & six points, d'vmbre verse: & vostre stature, H I, de cinq pieds. Multipliez quarante pieds par six points d'vmbre verse: & le nombre sera de deux cens quarante. Lequel diuisez par douze, & vous aurez au quotiët vingt pieds. Puis adioustez vostre mesure de cinq pieds, & il y aura vingtcinq: qui est la hauteur, que demandez.

Figure pour ceſt exemple.

ANNOTATION.

Icy, apres la pratique & vſage de ce qui a eſté dit és proportions precedentes, nous appliquerons la Theorique & raiſons Mathematiques, pour donner encore plus grand iour au dernier notable. Ie dy doncq', quand le rayon ou viſée AD, *rencontre le coſté droit* IP, *que ces deux lignes* AB, & IC, *ſont equidiſtantes & paralleles, l'vne tenant lieu d'vn corps droit, & faiſant l'vmbre* BC, *& l'autre* de la ligne de my-nuict, comme O I, à trauers desquelles passe la ligne AD, seruant de rayon ou visée. A cause dequoy, par la 29. du premier d'Eucli-

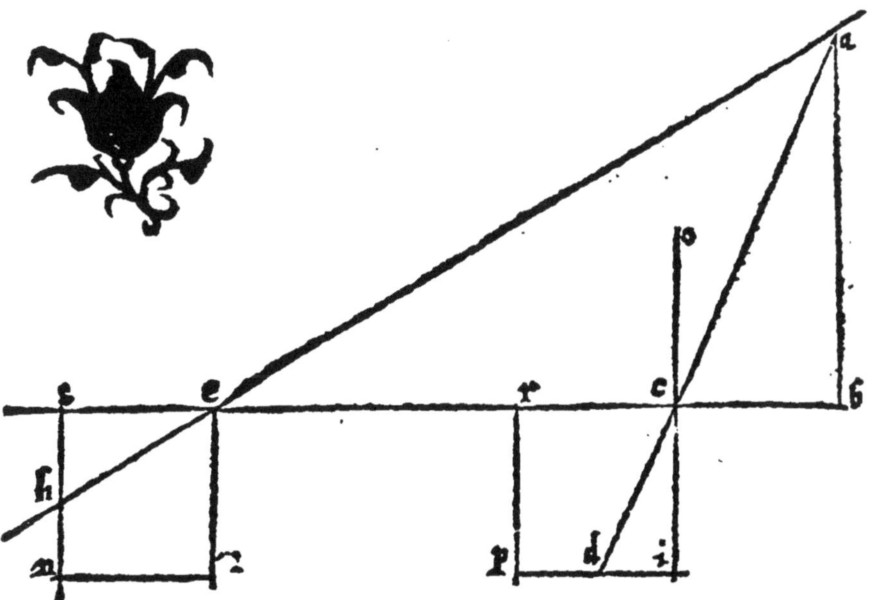

de, l'angle OCA, est conforme à l'angle CAB. Lequel resemble à l'angle DCI, pareil par la 15. du premier à OCA. Pareillement à trauers les 2. lignes BR & IP, qui sont paralleles, passe la ligne rayonale AD, qui fait par la mesme proposition, l'angle D du trigone CDI, pareil à l'angle C du trigone ACB. Quant aux angles droits B & I, des deux ACB & CDI, ils sont tousiours uniformes. Parquoy si ces deux trigones s'accordent en angles les costez doncques par la 4. du 6 qui regardent és deux trigones, deux semblables angles, se declareront proportionaux. Cela me fait arrester, *que telle sera la proportion du costé* ID, *au costé* BC. *quelle du costé* IC, *au costé* AB: *ou telle du costé* ID, *au costé* CI, *quelle du costé* EB, *au costé* AB. *Desdits deux trigones les costez* ID, & IC, & BC, *me sont donnez par hypothese, parquoy i'auray* AB. *Ce qu'il faloit remonstrer.*

Ie dy ainsy, que si le rayon ou la visée AH, *remonstre & touche la ligne de l'umbre verse* SN: *lors elle & la ligne de my-nuict* EM, *& la hauteur de la tour* AB, *seront paralleles & à plomb. & dy que la ligne visuale* AH *fera en elles, par ladite* 15. *du premier, leurs angles contreoppositesм, tous egaux: car du trigone* SEH, *l'angle* E, *est pareil à l'angle* E, *du trigone* ABE: *& par la* 32. *du premier, l'angle* SHE, *est conforme à l'angle* EAB. *Les costez donc, par la* 4. *du* 6. *regardans ces angles coegaux, se rendront proportionaux. Il s'ensuit donc que le costé* LH, *tel sera enuers* AB, *que le costé* ES, *enuers* BE. *De ces quatre l'hypothese m'en baille trois sçauoir est* SE, & BE, & SH: *parquoy i'auray le quart* AB, *qui fait la hauteur de la tour, que ie desiroy sçauoir.*

Ou biẽ, s'il vous semble meilleur, reduisez, par la soixãtiesme propositiõ, cy deuãt mise, les points de l'vmbre verse, qui sont six, aux points de l'vmbre droite. Et seront les points correspõdãs à l'vmbre droite, vingt & quatre: par lesquels partissez la somme resultant par la multiplication de quarante en douze, c'est à sçauoir, quatre cens octante : & vous aurez au quotient vingt pieds, pour la mesure de la chose FG, en y adioustant vostre hauteur, qui est de cinq pieds : qui est la hauteur, que demandez. Et tout reuient à vn en ces deux operations.

Toutesfois il est à noter, que les choses susdites sont veritables, pourueu que lespace, qui est entre vous & la chose à mesurer, soit plat, & droit. Mais s'il est autrement, mettez l'Alhidade auecques la ligne de foy sur le diametre trauersant, c'est à dire, sur le commencement de la quarte d'altitude : & voyez par les deux pertuis des pinnules quelque marque ou signe en la chose, que voulez mesurer, & le notez: car ce point, ou marque, & vostre œil sont en vne ligne droite equidistante à l'Horizon. En apres regardez par les pertuis des pinnules le plus haut, ou sommet de ladite chose, & mesurez l'espace, qui est entre vostre pied & la chose à mesurer, par vne ligne droite, comme auecques vne corde, & faites consequemment comme dessus auons dit : & vous aurez la hauteur de la chose depuis la marque notée iusques au plus haut Et lors n'est besoing prendre la mesure de vostre stature : mais en lieu d'icelle, prenez la hauteur de la chose, depuis la marque, qu'auez obseruée, en bas : laquelle adiouftez à l'altitude de la chofe, qui eft depuis voftre marque iufques au fommet : & vous aurez ce, que demandiez.

PROPOSITION V.

Chap. 5.

Comment on peut artificiellement trouuer & mefurer la hauteur de quelque chofe inacceffible, eleuée perpendiculairement fur vne plaine.

S'Il aduenoit quelquefois, que l'efpace, qui eft entre voftre pied & la bafe, ou racine de la chofe que voulez mefurer, fuft empefché par fleuue, foffé, vallée, eftang, ou autre chofe, dont on ne peut approcher, ny mefurer ledit efpace : toutefois vous en voulez fçauoir & prendre la mefure : faites à la maniere, qui enfuit.

Mettez vous en quelque lieu plain au plus pres de la chofe que voulez mefurer : & de ce lieu leuez voftre Aftrolabe, pour veoir le plus haut de ladite chofe, tant que voyez par les pertuis de deux pinnules : & prenez bien garde fur quel cofté de l'vmbre, tombe la ligne de foy de l'Alhidade : & fi elle tombe fur le cofté de l'vmbre verfe (comme fouuent il aduient, en cefte forte de mefurage) voyez combien de points elle couppe, & par le nõbre des points diuisez douze, & gardez le quotient. Comme, si la ligne de foy couppoit l'eschelle sur trois points, lors au quotient y auroit quatre, lesquels gardez à part. Et signez le lieu, auquel estiez arresté pour prendre la hauteur, en y mettãt quelque marque: puis vous reculez, ou aduãcez vn peu du premier lieu. Et au lieu ou vous vous arresterez pour la seconde fois, leuez de rechef vostre Astrolabe contremont, tant que voyez le sommet de la chose par les pertuis des pinnules, & considerez combien de points la ligne de foy tranche: par lequel nombre diuisez encor douze, & ostez ou soustraiez le quotient, qui en viendra, du premier quotient qu'auiez gardé, si cestuy cy est moindre: ou bien, s'il est plus grand, leuez l'autre de cestuy cy: & gardez la difference ou exces des deux. Comme, si la ligne de foy, en la seconde station, tombe sur six points, diuisez douze par ces six points, & il en demeurera deux au quotient: lesquels leuez du premier quotient gardé, qui estoit quatre, & il en restera deux de difference ou exces: lesquels faut garder. Puis mesurez l'espace entre la premiere & seconde station, par quelque mesure, que vouldrez: & diuisez le nombre de ceste mesure, par l'excés ou difference qu'auez gardé,

gardé, c'est à sçauoir, par deux: & le nombre qui viendra au quotient, en y adioustãt la mesure de vostre stature ou hauteur, sera ce que demandez.

Exemple.

Si le nombre de vostre espace estoit quarante pieds, diuisez quarante par deux, qui sont l'exces: & vous aurez vingts pieds au quotient, qui sont vne partie de la hauteur de la chose: ausquels adioustez vostre stature, laquelle posons estre de sept pieds: & vous aurés vingtsept pieds pour la hauteur de la chose eleuée.

De ces choses on peut inferer vne regle generale, qui est telle. Apres la soustraction faite l'vn de l'autre des deux quotiens, gardés à part, lesquels estoient extraits par les points de l'vmbre verse trouués en deux stations: s'il aduient, que, pour l'exces & difference l'vn de l'autre, ne demeure qu'vn en nombre, lors l'espace & interualle des stations sera egal à l'altitude de la chose que l'on mesure, y adioustant tousiours (comme ia par plusieurs fois auons dit) la stature & hauteur du mesureur. Et si l'exces & difference des quotiens est deux, l'espace des stations sera double à la hauteur de la chose: parquoy si vous prenés

& mesurés la moitié de l'interualle, & y adioustés vostre grandeur, vous aurés pour certain la hauteur de la chose, que voulés mesurer. Et s'il en reste trois de differēce ou exces, l'espace des deux stations sera triple à la hauteur de la chose à mesurer. Parquoy en prenant la tierce partie de l'espace: auecques vostre hauteur, vous cognoistrés combien est haute la chose, que mesurés. Iugés aussi le semblable, s'il en reste quatre, ou d'auantage. Or combien que par les choses dessusdites ceste façon de mesurer soit assés manifeste: toutesfois, pour plus claire intelligēce, nous donnerons cest exemple.

Exemple.

Quelque personnage veut que luy mesuriés vne tour, située en pays plat, & de laquelle la hauteur est incertaine. Ceste tour est H I: au pied de laquelle, & entre vous & elle, y a vn fossé, riuiere, estang, ou autre chose, qui vous empesche de pouuoir approcher de la tour: & toutesfois il vous demande la hauteur d'icelle. Pendés doncques vostre Astrolabe, comme de coustume, & faites vostre premiere station ou arrest, en le marquant, & soit K. Puis leués vostre Astrolabe vers la tour tant que voyés le plus haut d'icelle par les deux pertuis des pinnules: & posés, que la ligne de foy tranche l'vmbre verse au sixiesme point. Diuisés douze par six, & vous aurés deux pour quotient, lequel gardés à part. Apres retirés vous arriere ſelon la ligne droite, & faites la ſeconde ſtation, ou arreſt, au lieu, ou vous marquerés L: & de ce lieu (comme ia a eſté dit) regardés de rechef le ſommet de la tour, auecques voſtre Aſtrolabe: Et poſés que trouuiés deux points d'vmbre verſe, tranchés par l'Alhidade: par leſquels diuiſés douze, & vous aurés ſix au quotient: duquel leués deux deſſus gardés, & vous reſteront quatre, pour la difference & exces, leſquels faut garder à part. Apres meſurés l'eſpace depuis k, qui eſt voſtre premier arreſt, iuſques au ſecond, qui eſt L. Et poſés que trouuiés ſeize pas: leſquels diuiſerés par quatre, qui eſt la difference ou exces deſſus gardé: & vous aurés quatre au quotient. Parquoy vous dirés qu'vne partie de la hauteur de la tour H I, eſt de quatre pas: auſquels faut adiouſter voſtre ſtature, que poſerons eſtre de deux pas: qui ſera en tout ſix pas, pour la hauteur de la tour H I, laquelle on vous demandoit. Ou bien (qui eſt tout vn) ayãt fait la ſouſtraction des points, il y aura eu quatre de reſte. Prenez dõcques la quarte partie de l'eſpace entre K & L, qui ſont quatre pas: & vous trouuerez (cõme deuãt) vne partie de la hauteur de voſtre tour: à laquelle adiouſtés la meſure de voſtre grandeur, qui eſt de deux pas: vous trouuerés que la hauteur de la tour, que mesurés, est de six pas. Et par ainsi ces deux façons reuiennent à vne.

FIGVRE POVR L'EXEMple precedent.

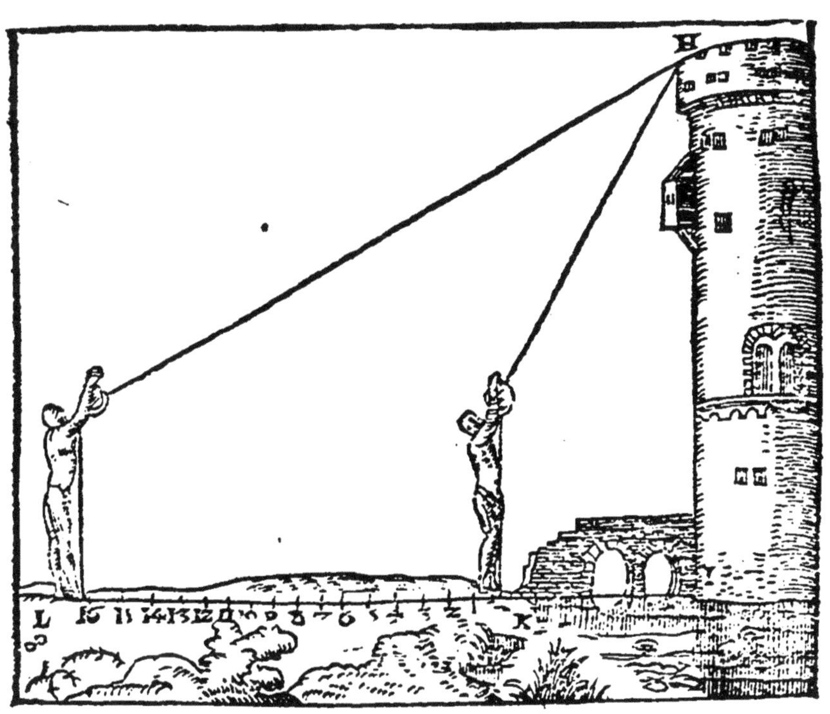

OR faut il noter, que les pertuis des pinnules, par lesquels passe le ray visual, pour veoir la hauteur des choses, doiuent estre fort petits: car si autrement estoit, facilement s'en ensuiuroit erreur.

Plusieurs, en pratiquant ceste proposition,

reduisent les points de l'vmbre verse, trouuez entre les deux stations, aux points de l'vmbre droite, selon la doctrine dessus baillée en la proposition soixantiesme cy deuant mise. Et multiplient par deux l'espace comprins entre les deux stations, apres qu'il a esté mesuré par quelque mesure commune & à vous cogneuë. Apres, leuent le moindre nombre des points droits, du plus grand: & par la difference diuisent le produit, trouué par la multiplication : & le quotient est la hauteur de la chose, en y adioustant la stature de celuy, qui prend la mesure. Ceste façon de mesurer tend à mesme fin que la precedente: parquoy n'est besoing d'en parler d'auantage.

ANNOTATION.

Il aduient en mesurant les choses hautes & inaccessibles, que la ligne rayonnale ou la visée coupe en la prochaine station le costé droit & en la lointaine le costé versé. Ou en toutes deux elle couppe le costé versé, ou bien le costé droit

Quand en la prochaine station, la visée couppe le costé droit, & en la plus eslongnée le costé versé, en ceste proposition, nostre autheur vous en baille doctrine & aussi le premier exemple. Toutesfois Purbacce en son quarré Geometrique prop 6. nous baille vne autre maniere de proceder plus seure. Car il conseille de multiplier les parties du costé versé S H, par les parties du costé droit D P. Et le produit oster du nombre quarré E N. Pour mettre le reste au premier lieu. Apres la multiplication du costé versé S H, en S E, qui fait 12. faut mettre le produit au second lieu, & l'espace entre les 2. stations E & C, au tiers. L'operation faite, le quart nombre vous monstrera la hauteur de A B.

Exemple.

En la prochaine station le nombre des parties du costé droit DP, soit de dix: & en la plus estognée station les parties de S H. soient de 9. l'vn multiplié par l'autre rendra 90. qu'il faut oster du nombre quarré 144. & le reste 54. soit mis au premier lieu comme diuiseur, puis la multiplication de 12. par 9. qui fait 108. au second, & 40. pieds entre les deux stations au tiers lieu. Cela fait, le second multiplié par le tiers rendra 4320. Et produit diuisé par le premier, laissera pour quotient 80. pieds, qui font la hauteur de la tour A B. comme il apert en ceste figure, dont la demonstration vient apres.

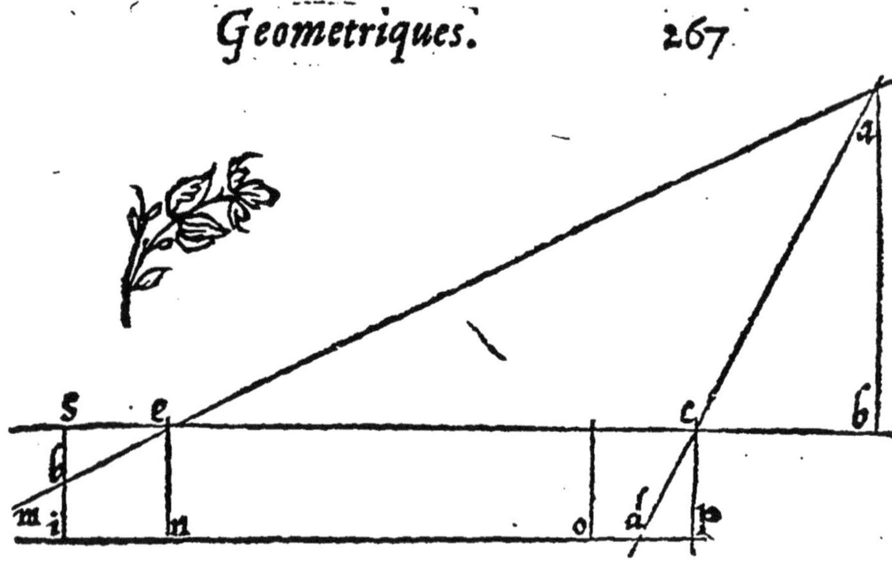

DEMONSTRATION.

Comme i'ay dit en la demonstration de mon dernier notable, les triangles ACB, *&* CDP, *s'accordent en angles: pareillement* AEB, *&* EMN, *en autres angles: à cause dequoy le costé* MI, *conuient auec le costé* EB *comme* EN *auec* AB. *Mais* MI *s'accorde auec* AB, *comme* MD *auec* EC: *parquoy* MD *se rapporte à* EC, *comme* EN *à* BA. *Et d'autre part* DM *enuers* EN, *comme* EC *enuers* EB. *Et que la ligne* MD *à la ligne* EN *soit comme le premier nombre diuiseur au second multipliant, il appert: car tousiours* MN *multiplié par* SH *rend* 144. *Veu que telle est la raison de* CH *à* SE, *quelle est de* EN *à* NM: *par ainsi* EN *sera mylieu proportional de* SH, *&* MN: *parquoy en multipliant* DP *en* SH, *& le produit ostant de* 144. *restera ce, qui se fait de* SH, *en* DM.

S'ensuit donc que lesdits nombres 54. & 108. *sont en telle proportion, en quelle sont* D M, & S N: *ce qu'il faloit remonstrer.*

Stofler, suyuant Purbacce, au lieu preallegué en ceste proposition, donne son second exemple, quand la ligne de veuë ou du rayon couppe en l'vne & l'autre station, le costé versé R P & S N, *dont voicy la demonstration.*

De la figure prochaine les deux trigones A B C & R C D, *sont conformes en angles: d'autre part ces deux trigones* A B E & S H E, *ont mesmes angles, au moyen de quoy, qu'elle sera la raison de* B C *à* B A, *telle de* R C *à* R D. *Pareillement* A B *enuers* E B, *comme* S H *enuers* S E. *Si vous diuisez donc* R C *par* R D, *le quotient vous dira quantesfois* C B *comprend* A B, *incommensurable: au cas pareil si* S E *est diuisé par* S H, *vous sçaurez quantesfois* E B *incommensurable comprendra* A B, & *sçaurez quantesfois* A B *sera en* E C: *parquoy, auecques ce dernier quotient, ie diuiseray la distance* E C *des stations* E B & C B *incommensurables, pour auoir la hauteur* A B.

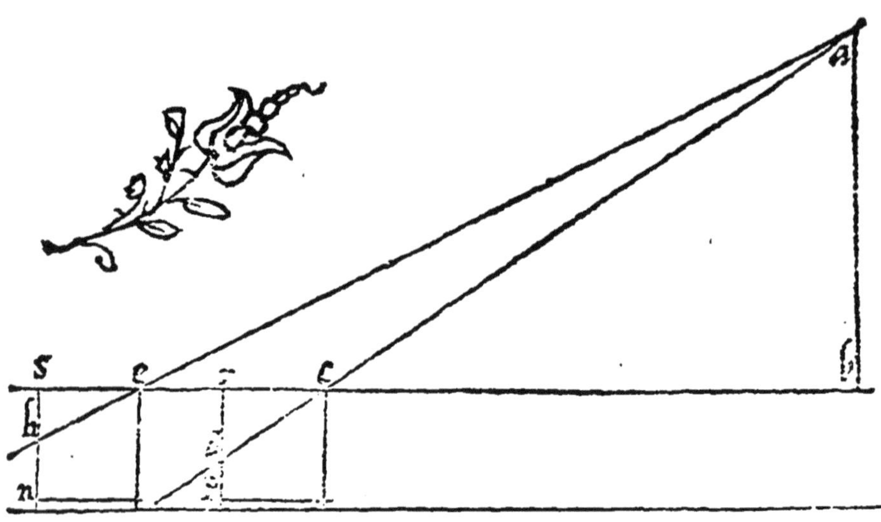

Mais si la ligne A D, *ou* A H, *en l'vne & l'autre station, coupe le costé versé* R P *ou* S N, *lors la difference des deux parties* R D & SH, *soit au premier lieu: le nombre douze, au second: la difference* EC *entre les deux stations, au tiers. Le second soit multiplié par le tiers, & le produit diuisé par le premier fera naistre la hauteur desirée.*

Exemple.

En la prochaine statiō le nombre des parties, soit douze, & en la plus eslongnée de dix, leur difference fait deux, & entre les deux stations la distance soit de vingt toises. Ie multiplie vingt par douze, & le produit deux cens quarante ie diuise par deux, & le quotient me fait dire, que la hauteur aura cent vingt toises.

DEMONSTRATION.

La proportion DP *au costé* CB, *comme* CP, *au costé* AB: *car (comme i'ay dit tant de fois)* ABC, & CDP, *s'accordent en angles. Semblablement* HS *auec* EB, *comme* ES *auec* AB: *parquoy* DP *enuers* CB, *comme* HS *enuers* AB. *L'exces donc, qui est entre* EB & CB, *comme* HS *enuers* EB: *mais* HS *enuers* EB, *se trouue comme* ES *enuers* AB: *parquoy* HD, *enuers* EC *comme* CP *enuers* AB. *De ces quatre quantitez l'hypothese m'ē donne trois, sçauoir est, la difference entre* HS & DP: & *puis tout le costé* CP *ou* ES: & *tiercement, la distance* EC *entre les deux stations* EB & CB: *parquoy i'auray le quart nombre, qui m'enseignera la hauteur* AB. *Ce qu'il faloit enseigner.*

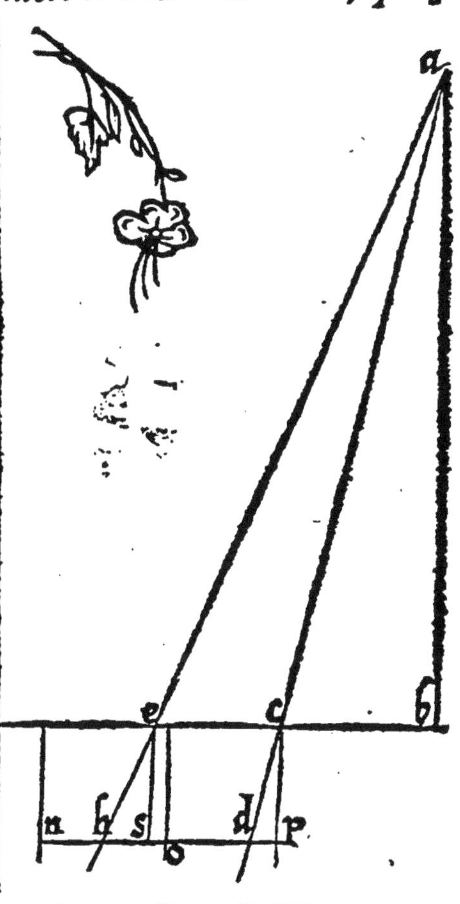

PROPOSITION. VI.

CHAP. 6.

Moyen de ſcauoir meſurer la hauteur de quelque choſe eleuée ſur vne montaigne, de laquelle choſe les deux bouts, tant celuy d'enbas , que le ſommet, ſont veuz de l'œil de celuy, qui eſt en la plaine, ou vallée.

CE que deſſus a eſté dit, touchant la meſure des hauteurs des choſes eſtans en vn lieu plain, pourra ſuffire, principalement aux nouueaux altimetres. Maintenant reſte à monſtrer comment on peut prendre la meſure de la hauteur de quelque choſe eleuée ſur vn lieu eminent & haut, comme ſur vne montagne, nous eſtans en vne vallée & lieu bas. Et combien qu'il ſemble eſtre fort difficile de ce faire, toutesfois la raiſõ cherche toute voye poſſible à la nature. Tout ce dõcques, qui eſt eleué contremont par deſſus la ſuperficie de la terre, & ayant le ſommet leué en haut, paſſe outre par deſſus l'equalité de la planure, qui eſt à l'enuiron, eſt appellé hauteur, ou altitude. Que s'il aduient qu'il faille meſurer aucune hauteur depuis vn lieu diſſemblable, comme ſi d'vne vallée il faut mesurer ce qui est sur la montagne: premierement le mesureur doit chercher & trouuer en la vallée, l'Horizon naturel de sa station: c'est à dire, qu'il ait quelque plaine equidistante à l'Horizon, en laquelle il puisse parfaire & accomplir son operation. Laquelle trouuée qu'il regarde & considere premierement la hauteur de la montagne par deux stations, suyuant ce, qui a esté enseigné en la proposition precedente. En apres, faut prendre semblablement la hauteur de la tour estant sur la montagne, & de la montagne ensemble, par la mesme doctrine. Puis, qu'il leue & soustraye la hauteur de la montagne de la hauteur totale trouuée, c'est à çauoir, de la hautéur de la montagne & de la tour ensemble: & le reste sera l'altitude de la tour.

Exemple.

Soit l'altitude de la tour A B, sur la montagne B C: de laquelle tour le sommet, qui est A, & le bas ou pied, qui est B, puissent estre veuz du mesureur, qui est en la vallée. Premieremẽt dõcques, par la proposition precedente, prenez la hauteur de la montagne par le point B, que voyés estre le sommet de ladite montagne. Et (pour plus facile intelligence) posez que la premiere station soit D, ou vous trouuerez six points d'vmbre verse: par lesquels diuisez douze, & vous aurez deux au quotient, que garderez à part. Et en la seconde station, qui est E, vous trouuerez quatre points d'vmbre verse: par lesquels de rechef diuisés douze, & vous aurez trois au quotiẽt. Leuez deux, qui est le moindre quotient, de trois, qui est le plus grand: il vous demeurera vn, d'exces ou difference. Parquoy pourrez conclure, par la regle de la proposition precedente, qu'autant est haute la montagne, qu'il y a d'espace entre les deux stations D E, mis auec vostre grandeur. Posez doncques que l'espace d'entre lesdites deux stations D E, soit de quatre perches, qui valent quarante pieds: & vostre stature, d'vne demie perche, qui sont cinq pieds: & concluez, que la hauteur de la montagne B C, est de quatre perches & demie, qui valent quarante cinq pieds. Et voila l'altitude de vostre montagne, trouuée: qui estoit ce, que deuiez mesurer premierement.

D'auantage, considerez la hauteur de la montagne, & de la tour ensemble, par le moyen du sommet A: & vous trouuerez en la premiere station, qui est F, quatre points d'vmbre verse. Diuisez douze par quatre, & vous aurez trois pour quotient: qu'il faut mettre à part. Et en la seconde station, qui est G, il y aura trois points : qu'il faut aussi mettre en œuure, pour diuiser douze: & vous aurés quatre pour le quotient. Leués doncques trois, qui est le moindre quotient, de quatre, qui est le plus grand: & pour exces ou difference, il en demeurera vn. Parquoy derechef pourrés conclure, que l'interualle ou espace, qui est entre les deux stations F G, auecques vostre stature, est egal à la hauteur de la tour & de la montagne ensemble. Prenés doncques cest interualle vne fois, & adioustés vostre stature : & vous aurés la hauteur des deux ensemble. Posés doncques que l'espace des deux stations dernieres F G, soit de neuf perches: ausquelles adioustés la hauteur de vostre stature, qui est de demie perche : vous aurés en tout, pour l'altitude de la montagne & de la tour ensemble, neuf perches & demie, qui sont nonante cinq pieds. Leués doncques quatre perches & demie, c'est à sçauoir, les quarante cinq pieds de la hauteur de la montagne, de neuf perches & demie, qui est la hauteur des deux ensemble: il restera cinq perches, qui valent cinquante pieds, qui font la hauteur de la tour seule: qui est ce que demandiés.

Figure pour l'exemple precedant

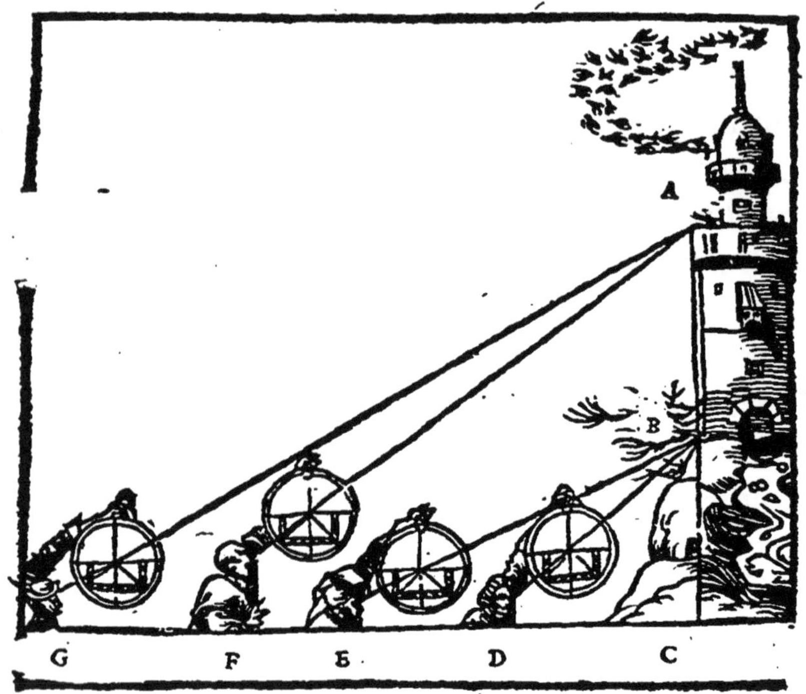

PROPOSITION VII. CHAP. 7.

Moyen d'entendre & pratiquer la planimetrie (c'est à dire, la longitude de quelque chose plaine) par l'Astrolabe.

SI vous auez bien entendu & apprins ce qui a esté dit des mesures des hauteurs eleuées à plomb, vous pourrez aussi comprẽdre facilement ce peu, que dirons, pour sçauoir mesurer les plaines, selon leur longitude. Car cy deuant auez apprins à mesurer vne hauteur incogneuë par vne longitude cogneuë: icy, au contraire, vous apprendrez à mesurer vne longitude incogneuë par vne hauteur cogneuë.

Quand doncques vous voudrez mesurer quelque plaine ou champ selon sa longueur, supposez qu'en voyez le bout, soit accessible, ou non, auecques l'Astrolabe: premierement disposez, & preparez vne verge à mesurer, qui soit droite, & iustement de la grandeur de vostre stature, depuis vostre œil en bas: laquelle soit diuisée par certaines mesures egales, à vostre plaisir, qui vous soient cogneuës: bien que à mon iugement il la vaudroit mieux diuiser en douze parties egales. Et ayãt accoustré vostre verge, arrestez vous à l'vn des bouts de la plaine, que voulez mesurer, selon sa longitude. Et apres auoir eleué & disposé vostre Astrolabe, haussez, ou abbaissez l'Alhidade, iusques à ce que voyez l'autre bout de la plaine, par les deux pertuis des deux pinnules. Apres cela, comptez diligemment les points, tranchez par la ligne de foy, lesquels cõmunement sont points d'vmbre verse. Car communement la longueur de la plaine ou champ, est plus grande, que n'est pas la verge du mesureur. Diuisez doncques douze par les points tranchez, que vous aurez

aurez trouuez: & le nombre quotient vous monſtrera, de quantieſme portion eſt voſtre verge,au regard de la longueur de la plaine,que voulez meſurer.

Car ſi la ligne de foy tombe preciſement & 12
iuſtement ſur la ligne de l'vmbre moyenne, c'eſt à dire, ſur le diametre du quadran: la longueur de la plaine ſera egale à la verge du meſureur.

Mais ſi ligne la de foy chet ſur l'vnzieſme 11
point de l'vmbre verſe: la longueur de la verge vne fois, auecques l'vnzieſme partie d'icelle, ſera la longueur de la plaine.

Et ſi la ligne de foy chet ſur le dixieſme 10
point de l'vmbre renuerſee: la longueur de la verge, prinſe vne fois, auecques deux dixieſmes parties d'icelle verge, ſera la longueur de l'eſpace de la plaine.

D'auantage, ſi la ligne de foy chet ſur neuf
points d'vmbre verſe: la meſure de la verge 9
auecques trois neufieſmes parties d'icelle, vous mõſtrera combien eſt la plaine longue.

Que ſi la ligne de foy chet ſur huict points d'vmbre verſe: la longueur de la verge, & ſa moitié, accompliront la longitude de voſtre plaine.

Outre, ſi la ligne de foy vient à cheoir ſur
ſept poincts d'vmbre verſe: la longueur de la 7
verge, prinſe vne fois, auecques cinq ſeptieſ-

mes parties, sera la longueur de la plaine, que demandez.

6 Plus, si la ligne de foy tombe sur six points de l'vmbre verse : par lesquels si vous diuisez douze, vous aurez deux au quotient : la longitude de la plaine, est iustement double, à la lõgueur de la verge. Parquoy si vous prenez deux fois la longueur de la verge, vous aurez la longueur de vostre plaine.

5 Et s'il aduient, que la ligne de foy tombe sur cinq points d'vmbre verse : diuisez douze par cinq, & vous aurés deux au quotiẽt, auecques deux quintes. Parquoy si vous prenés deux fois la longueur de vostre verge, & deux cinquiesmes parties d'icelle, ce sera la mesure de la longitude, que cherchez.

4 En apres la ligne de foy, tombant sur quatre points d'vmbre verse : diuisez douze par quatre, & vous aurez trois au quotient. Prenez donc trois fois la quantité de vostre verge, pour la longueur de la plaine, que mesurés.

Que si la ligne de foy chet sur trois points d'vmbre uerse : il faut diuiser douze par trois, & quatre sera le quotient : signifiant que vostre plaine a de la longueur quatre fois autãt, que la mesure de vostre perche est longue.

2 Mais, si la ligne de foy tombe sur deux points d'vmbre renuersée : & diuisez douze

par deux, vous aurez six au quotiẽt. Parquoy l'espace de la plaine est six fois plus grãd, que la verge.

Finalement, si la ligne chet sur vn point: parce que l'vnité ne diuise point, retenez que vostre plaine sera douze fois plus grande, que la verge. Parquoy, si vous prenez douze fois la longueur de vostre verge, vous aurez la mesure & quantité de la plaine. Pour tous ces points nous mettrons cet exemple particulier.

Exemple.

Posés, qu'il vous faille mesurer vne plaine, qui est B C: & la verge de vostre hauteur, soit A B: & vostre œil soit sur le point A, qui est le sommet de la verge: & vostre pied soit au point B, qui est le bas de la verge, & l'vn des bouts de la plaine. Leuez vostre Astrolabe, & remués l'Alhidade, tant que voyés l'autre bout de la plaine, qui est C, par les deux pertuis des deux pinnules. Puis considerés combien de points la ligne de foy tranche, & posez que soient trois poiuts d'vmbre verse. Diuisés douze par trois, & vous aurés quarante pour quotient. Parquoy par les regles cy dessus mises pouués iuger, que la quantité ou longueur de vostre verge, prinse quatre fois, est la iuste mesure & longitude du lieu plain que mesuriez. Et faut des autres iuger de mesme sorte.

Figure seruant à l'exemple cy deuant mis.

MAis si la plaine estoit de fort grande quantité & estendue, au regard de vostre verge, comme si elle estoit de cent ou deux cens pas, tellement qu'estant en vn des bouts de la plaine, & regardant par les deux pertuis des pinnules, au bout opposite, ne sembliés auoir aucune, ou bien petite proportion, au regard de ladite longitude, tellement que l'Alhidade, selon la ligne de foy, ne paruient que iusques à vn point, ou quelque partie d'vn point d'vmbre verse: sçachez qu'ẽ ce cas les mesuremens sont fort incertains. Parquoy si en voulez auoir la certitude, eleués à vn des bouts de la plaine, quelque lance, perche, ou but droit, contenant trois ou quatre fois vostre longueur, ou tant que voudrés. Et estant ainsi ladite perche, ou but, eleué perpendiculairement, & à plomb, & bien affermy & arresté, par vne eschelle, ou par quelque autre moyen, montez iusques au plus haut, en sorte qu'ayés l'œil iustement sur le sommet de la perche. Cela fait, regardez par l'Astrolabe l'autre bout de la plaine, & faites au reste, comme dessus aués fait de la verge: car il vous faut regarder sur quel point de l'vmbre verse tombera la ligne de foy: & par le nombre des points, diuiser douze, & par le quotient & la longueur de vostre perche, vous trouuerés la longueur de la plaine, que cherchiés. Car en cecy la longue perche sert en lieu de la verge. Quant au regard de la latitude, elle se mesure tout ainsi que la longitude, en notant les deux bouts de la plaine, selon sa largeur.

Et ne faut oublier de vous aduertir, que, si la plaine, que voulés mesure, n'est pas droite, ny equidistante de l'Horizon, mais eleuée, montagneuse, oblique, & pleine de fosses: il vous conuiendra dresser vostre plaine, en ceste maniere. Mettés deux regles, ou verges, eleuées à plomb & droitement, vne à chacun bout de la plaine que voulés mesurer. Et disposés l'Alhidade iustement sur le diametre Horizontal, ou transuersal de l'Astrolabe. Apres cela, regardés par les deux pertuis des pinnules, & faites quelque signe, ou marque à la verge ou regle, qui est aupres de vous.

Exemple.

Comme pour exemple, la marque soit D: des laquelle regardés de rechef, par les pertuis des pinnules, les deux pertuis des deux pinnules de l'Alhidade vers la verge, qui est à l'autre bout: & marqués E en icelle, au droit de la ligne visuelle: Car ceste ligne depuis la marque D, iusques au point E, est equidistante à l'Horizō, & dresse vostre plaine. Laquelle estant ainsi dressée, mettés vos pieds sur le point D, bien iustement, tellement que D soit la base de vostre station & arrest. Et acheués vostre mesurement, iusques au point E, selon ce, que nous auons cy deuant enseigné: & vous aurés, ce que demandés.

Ceste en est la figure.

PROPOSITION. VIII. CHAP. 8.

A sçauoir mesurer le profond d'vn puys, ou d'vne cisterne, dont on peut veoir le fond, ou bout d'en bas.

LE bont d'en bas en ce lieu est entendu le point commun au costé du puys, ou cisterne, & au fond, s'il n'y a point d'eau, ou biẽ (s'il y en a) à la superficie de l'eau.

Or deués vous sçauoir, que les profondités se mesurent presque de mesme sorte que les altitudes, excepté qu'en ceste operation faut mettre l'Astrolabe sur l'extremité de la profondeur, c'est à dire, sur le bord ou orifice du puys, ou d'autre chose profonde: laquelle extremité tient le lieu de hauteur. Lors regardez par les deux pertuis la partie opposite, tant que voyez le coing du fond du puys, qui est prins pour l'espace ou estoit mis premierement l'Alhidade, lors qu'on mesuroit les hauteurs. Et par ainsi, au moyen de ceste maniere de mesurer les profonditez par la latitude cogneuë, nous venons à la cognoissance de la profondité incogneuë: ainsi que par cy deuant par aucun espace cogneu, auons trouué les hauteurs, que ne cognoissions.

Il conuient doncques sçauoir premieremẽt la quãtité du diametre de la largeur du puys: laquelle cogneuë, pendez vostre Astrolabe sur le bord du puys, & appliquez l'Alhidade à l'extremité de l'orifice du puys, & le tournez en haussant, ou abbaissant, iusques à ce que, du coing & costé, ou vous mesurés, vous puissiés veoir par les pertuis des pinnules le bout du coing opposite au fond du puys: en sorte que d'vne veuë tout à la fois, vous voyez les deux bouts du puys, c'est à sçauoir, le haut, & le fond, qui luy est opposite. Cela fait si la ligne de foy tombe sur la ligne du moyẽ vmbre, le puys sera autant profond, que large. Comme on peut veoir par ceste figure.

Figure.

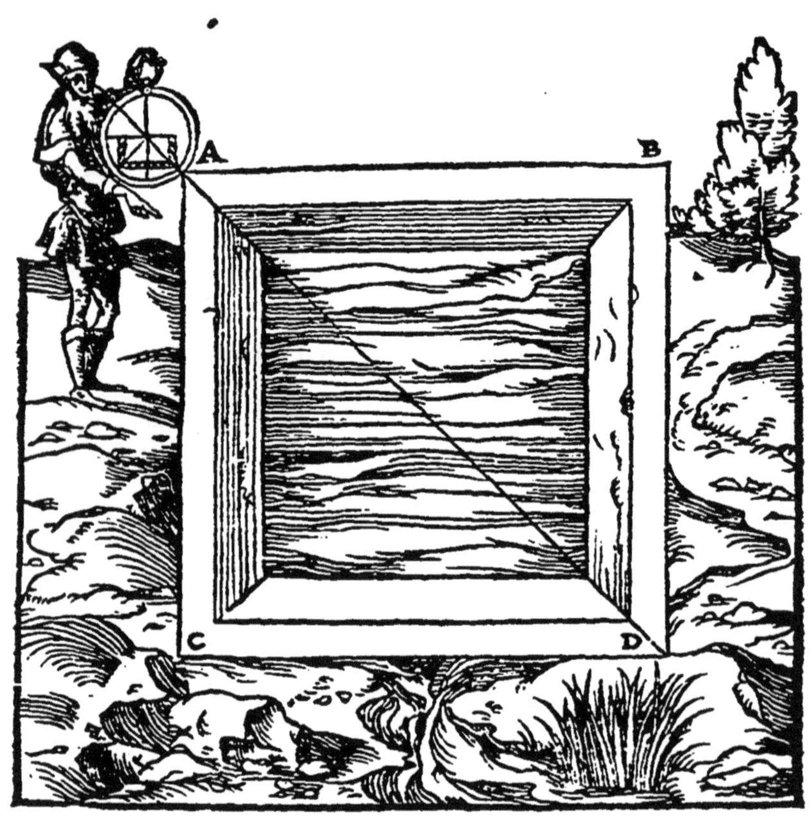

MAis si la ligne de foy, chet sur les points d'vmbre droite, comme il aduient cõmunément, la profondité est plus grande, que la latitude.

Voyez doncques le nombre des points trãchez. Puis mesurez le diametre de la largeur du puys par quelque mesure cogneuë : laquelle multipliez par douze: & ce qui en viẽdra, diuisez par le nombre des points d'vmbre droite dessus trouuez: & le nombre quotient vous monstrera la profundité du puys. Ou autrement, & plus facilement. Diuisez douze par le nombre des points trouuez, & gardés le quotient, qui vous monstre combien de fois vous deués prendre la largeur du puys, afin d'en auoir la profondité. Et en ceste maniere faictes par tout de la latitude du diametre du puis, comme a esté fait cy deuant en la proposition precedente, auecques la regle ou verge à mesurer: & vous aurez ce, que demandez.

Exemple.

Soit le puys ABCD, duquel le diametre ou largeur A B, soit de huict pieds : & les points de l'vmbre droite, iustemẽt prins, soient trois. Multipliez la largeur du puys, A B, qui est de huict pieds, par douze, & vous aurez nonante six. Lesquels diuisez par trois, & vous aurés trentedeux au quotient. Parquoy pouuez conclurre que la profundité du puys est de trente deux pieds. Ou bien, par l'autre maniere plᵘˢ facile: diuisez douze par les trois points trouuez, & vous aurés quatre au quotient: lequel gardés à part.

Puis sçachez la largeur du diametre du puys, qui a esté mise de huict pieds. Multipliez huict par quatre, qu'aués gardé: & vous aurez la profondité du puys de trente deux pieds: parce que quatre fois huict sont trente-deux.

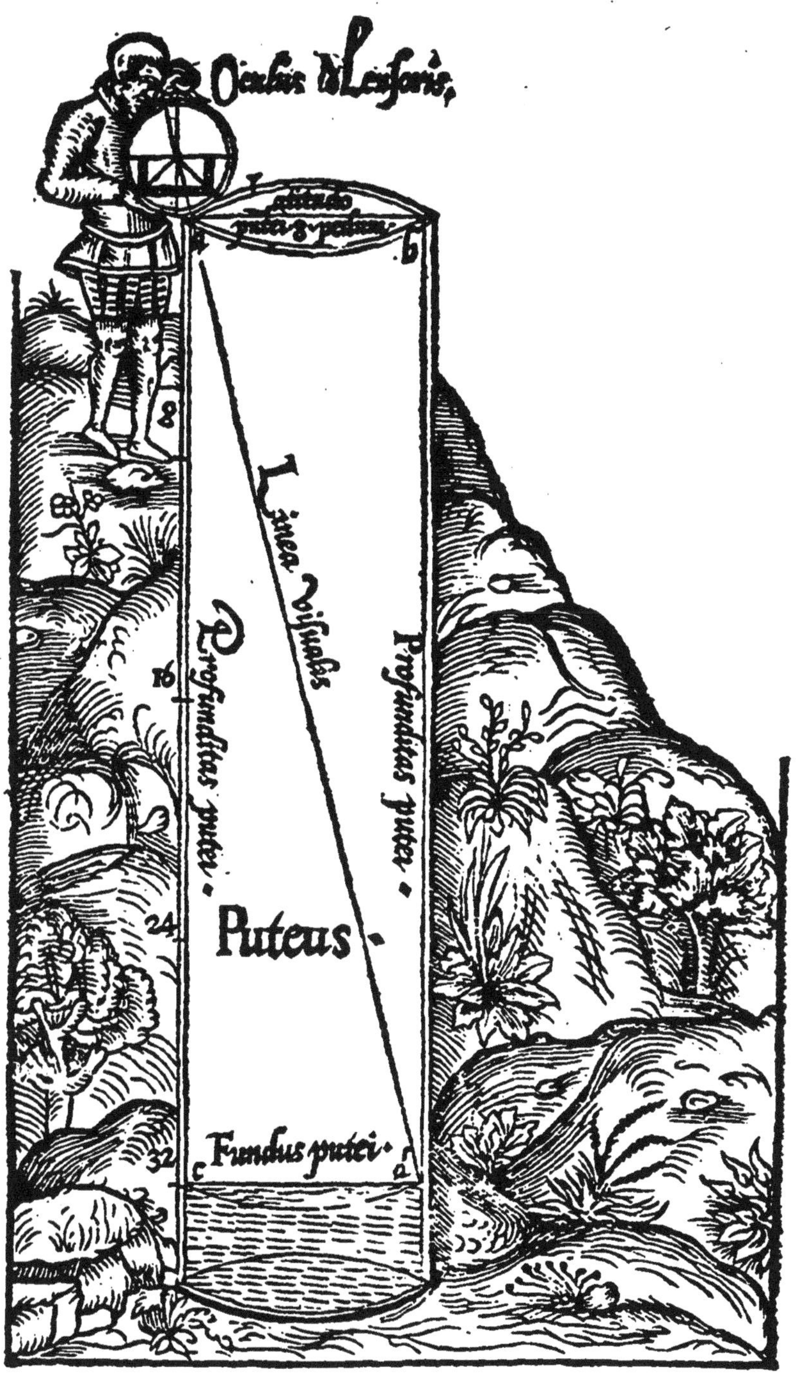

Fin du traicté des mesures Geometriques de M. Iehan Pierre De Mesmes.

L'ART DE MESURER TOUTES SUPERFICIES RECTILIGNES TIRÉ DES ELEMENTS D'EUCLIDE.

Par Iean de Merliers d'Amiens, Lecteur & Professeur du Roy ez Mathematiques.

Chap. I.

L'Art de mesurer à prins son origine & commencement des Egyptiens pour la necessité des limites de leurs terres, lesquelles le Nil au temps de son desbordemẽt couuroit de fange, en sorte qu'apres iceluy, on ne les pouuoit plus recognoistre, qui estoit cause de confusion : pour à quoy remedier, les Egyptiens apres que les eaues estoient retirees les diuisoient iustement par reigles & principes de Geometrie, & rendoient à vn chacun ce qui luy appartenoit. Le subiect de mesure est magnitude. Mesurer aucune magnitude est chercher combien de fois quelque mesure commune est trouuee en icelle. Et faut entēdre qu'il y a trois manieres de mesurer, selō qu'il y a trois sortes de magnitudes: l'vne pour les lignes droictes: l'autre pour les superficies: l'autre pour les corps. Par les lignes droictes, sont entendues lōgueurs ou hauteurs. Par les superficies, longueurs & largeurs ensemble. Par les corps, lōgueurs largeurs auec profonditez. Les superficies, que presentement mesurons, se trouuēt differentes. Car les vnes sont Rectilignes, les autres Curuilignes, & plusieurs mixtes. Les Rectilignes, ausquelles les autres se reduisent, sont celles qui sont bornees & limitees de lignes droictes, ou costez droicts: desquelles les vnes sont seulement de trois, les autres de quatre, & d'aucunes de plusieurs costez: comme de cinq, de six, de sept, &c. Celles qui sont definies de trois costez se disent Trilateres ou triangulaires, qui se trouuent pour la varieté des costez en trois differences: Car s'ils sont egaux, se nomment Equilataires: s'il n'y a que deux egaux, Isosceles: s'ils sont tous differents, Scalenes. Les autres qui sont bornees & closes de quatre costez, s'ils ne gardent en iceux, ny en leurs angles aucune equalité, s'appellent generalement Trapezes. S'ils ont les costez opposites paralleles & equidistants, se nõment Parallelogrammes, (qui vault autant à dire, que superficies descriptes de quatre lignes paralleles) desquels les vns sont Rectangles ayant les quatre angles droicts, les autres non: S'ils sont Rectãgles & bornez de quatre costez egaux, se disent quarrez: si les costez sont inegaux, quarrez longuets ou autremẽt berlongs. Les Parallelogrammes non rectãgles comprins de costez d'vne mesme quãtité, s'attribuẽt le nõ de Rhombe ou Lozenge: en costez inegaux, Rhomboide. Quant aux superficies qui ont plus de quatre costez, pour ce que leurs differences sont infinies, s'appellent superficies de plusieurs costez, ou pour la multitude des angles, poligones. Et cõbien qu'entre les superficies Rectilignes celles qui sõt seulement definies de trois lignes soient selon l'ordre de nature (cõme les plus simples) les premieres: car de deux lignes droictes par la derniere cõmune sentẽce des Elemẽts d'Euclide, on ne peult faire vne superficie, toutesfois quãt à la dimẽsion, les Parallelogrãmes Rectangles doibuent estre preferez: pource que sãs eux, no⁹ ne sçauriõs mesurer aucune superficie rectiligne. Parquoy est necessaire d'exposer premieremẽt les dimẽsiõs d'iceux.

La maniere de mesurer tous Parallelogrammes Rectangles.

Chapitre II.

POvr mesurer tous Parallelogrammes Rectangles, c'est à dire superficies closes de quatre lignes paralleles, qui contiennent angles droicts, fault multiplier l'vn des costez par l'autre, c'est a sçauoir la longueur par la largeur, & ce qui en sera produict, sera le contenu du Parallelogramme. Exemple: soit la longueur du Parallelogramme proposé de 30. pieds, & la largeur de 20. multipliez 30. par 20. vous aurez pour le contenu du Parallelogramme 600. pieds. Ce qui est colligé de la trentesixiesme proposition du premier liure des Elemẽts d'Euclide: qui est, Que tous Parallelogrammes qui sont en bases egalles & en mesmes paralleles, sont egaux ensemble. Soit doncq', comme il est ia posé, vn des costez du Parallelogramme de 20. pieds, & l'autre de 30. diuisez le costé qui a 20. pieds en 20. parties egalles, & menez les Paralleles des poincts au costé du Rectãgle, & en ce faisant diuiserez tout le Parallelogramme en vingt Parallelogrãmes egaux, vn chacun desquels a trente pieds de longueur

gueur & vn pied de large: diuisez encores le costé qui a trente pieds en trente parties egales, & menez les paralleles, vous trouuerés vn chacun des trente Parallelogrammes diuisé en trente quarrez: & pour ce que tout le Parallelogramme contient vingt Parallelogrammes, & vingt fois trente font six cents, il est certain que tout le Parallelogramme proposé contiendra six cents pieds quarrés.

QVAND donques on nous donnera le contenu d'vn Parallelogramme Rectangle & l'vn des costez d'iceluy, nous trouuerons combien sera l'autre costé du Parallelogrãme en diuisant le contenu donné par le costé cogneu. Exemple. Si le contenu d'vn Parallelogramme Rectangle faict 60. & l'vn des costés d'iceluy fait 5. apres auoir diuisé 60. par 5. il en viendra 12. pour l'autre costé du Parallelogramme.

Pour auoir la quantité du Diagone d'vn Parallelogramme Rectangle, c'est à dire de la ligne tiree d'vn angle à l'autre opposite, qui diuise le Parallelogrãme en deux triangles Rectãgles, fault multiplier la longueur & la largeur chacune par soy-mesmes, puis adiouster ensemble les produicts, & de ce qui en sera fait prendre la racine quarree, qui nous donnera la quantité du Diagone. Exemple. Soit la longueur du Parallelográme de 4. pieds & la largeur de trois : multipliez 4. & 3. chacun par soy mesmes, les produits seront 16. & 9. lesquels adioustez ensemble feront 25. dont la racine quarree est 5. qui sera la quantité du Diagone que cerchons. Ce qui est colligé de la quarante septiesme proposition du premier des Elements d'Euclide, qui est. Qu'en tous Triangles Rectangles, le quarré fait du costé qui soutend l'angle droict, est egal aux deux quarrez, qui sont faicts des deux costez contenans l'angle droict. Veu donq', que le diagone auec la longueur & largeur dudit Parallelogramme fait vn Triangle Rectangle, & que les produits desdites longueur & largeur chacune multipliee par soy-mesmes, sont les quarrez des deux costez du Triangle, qui contienẽt l'angle droict: si les deux moindres quarrez adioustez ensemble sont egaux au quarré du diagone soubtendant l'angle droict (comme il est appert par la proposition cy dessus nommee) il est tout certain, que la racine quarree des deux moindres quarrez adioustez ensemble, sera egalle à la racine quarree du plusgrãd quarré, qui sera faict du diagone. Parquoy si le diagone n'est autre chose que la racine de son quarré, qui aura la racine du quarré fait du diagone, il aura semblablement la quantité d'iceluy.

La maniere de reduire vn Parallelogrãme Rectangle ou Berlong, à vn autre egal, qui soit plus long, ou plus large.

CHAPITRE III.

POur reduire vn Parallelogramme Rectangle ou Berlong, à vne autre d'vne mesme quantité, estant toutesfois plus long, ou plus large, duquel l'vn des costez nous soit donné, fault diuiser tout le contenu du Parallelogramme par le costé qui nous est donné, & ce qui en viendra, monstrera l'autre costé du Parallelogramme que desirons. Exemple. Posons que le contenu du Parellelogramme soit de 48. pieds, lequel on veult reduire à vn autre egal à iceluy, duquel la longueur nous soit donnee de 16. pieds: on demande de combien de pieds doit estre la largeur. Diuisez 48. par 16. il en viendra 3. qui est la largeur du Parallelogrãme desiré. Ce qui se faict à cause que les deux Parallelogrammes rectangles ont les costez proportionnaux, comme on peult colliger de la quatorziesme proposition du sixiesme des Elements d'Euclide, qui est. Que de tous Parallelogrammes equiangles egaux l'vn à l'autre, les costés qui sont a l'entour des angles egaux sont reciproques : parquoy veu que la quantité de trois costés est cogneuë, celle du quart se cognoistra, en multipliãt le premier par le second, & diuisant le produict par le tiers. Soit dõques cõme il est desia dit, la premiere quantité de 4. pieds, la seconde de 12. & la tierce de 16. multipliés 12. par 4. le produict sera 48. qui estoit le contenu du Parallelogramme qu'on vouloit reduire: en apres diuisés 48. par 16. qui est le costé cogneu du parallelogramme que cherchons, ce qui en viendra, sera 3. pour la quatriesme quantité incogneuë, qui est la largeur du Parallelogramme desiré.

LA MANIERE DE REduire vn Parallelogramme Rectangle longuet à vn Quarré.

Chapitre IIII.

POur reduire vn Parallelogramme Rectangle longuet à vn quarré, fault prendre la racine quarree du contenu du Parallelogramme, & ce qui en sera fait, sera le costé du Quarré egal audit Parallelogramme longuet. Exemple : si le contenu du Parallelogramme est de 36. pieds, prenés la racine quarree qui est 6. vous aurez le costé du quarré que cerchez. Ceste reduction est appellée Quadration, qu'Aristote au second liure de l'ame definit inuention de ligne moyenne : qui n'est autre chose à dire, que de deux quantitez dõnees trouuer la moyẽne proportionelle. Ce qui se faict par la treiziesme proposition du sixiesme des elements d'Euclide. Comme si ces deux quantitez nous sont donnees vne de 4. pieds, & l'autre de 9. qui sont comprinses au Parallelogramme cy dessus nommé, duquel le contenu estoit de 36. pieds : la quantité moyenne proportiõnalle sera de six pieds, à laquelle celle de 9. a telle raison, comme elle a à celle de 4. & de ceste quantité moyenne se fera vn quarré egal au Parallelogrãme comprins entre les deux autres quantitez, comme on peult colliger de la dixseptiesme proposition du sixiesme des Elements d'Euclide, qui est : Si se donnent trois quantitez proportionnelles, le Rectangle fait des deux extremes, sera egal au Quarré fait de la moyenne quantité. Doncques pour auoir ceste moyenne quantité, faut prendre la racine quarree du produict de la multiplicatiõ d'vne des extremes quantitez par l'autre.

La maniere de mesurer les Rhombes, autrement appellez lozenges.

CHAPITRE V.

POur mesurer le Rhombe, fault multiplier l'vn des diametres par la moitié de l'autre. Exemple. Si l'vn des diametres fait 10. & lautre 8. il fault multiplier 10. par la moitié de 8. qui est 4. il en sera produict 40. pour le contenu du Rhombe, Ce qui se fait, à raison qu'vn Rhombe est egal au Parallogramme Rectangle contenu de l'vn des diametres d'iceluy, & de la moitié de l'autre: comme on peult colliger de la quarantedeuxiesme & trentequatriesme proposition du premier des Elements d'Euclide, & de la sixiesme cõmune sentence. Car il est certain que le Rhõbe se diuise par l'vn des diametres en deux Triangles, à l'vn desquelz le Parallelogramme faict dudict diametre & de la moitié de l'autre, est double: pour ce que le Parallelogramme & le Triangle ont vne mesme base & sont en mesmes paralleles. Parquoy si les deux Triangles faits du diametre & des costez du Rhombe sont egaux, à raison que tous Parallelogrammes par leur diametre sont diuisez en deux parties egalles, il s'ensuit que le Parallelogramme fait dudict diametre & de la moitié de l'autre, sera egal à tout le Rhombe: car le Rhombe & le Parallelogramme sont doubles au Triangle. Et par la sixiesme commune sentence. Toutes quãtitez doubles à vne tierce sont egalles entre elles.

La maniere de mesurer les Rhomboides.

CHAPITRE VI.

POur mesurer vn Rhomboide fault multiplier l'vn des diametres d'iceluy par la perpendiculaire tombant de l'vn des angles du Rhomboide sur ledict diametre , ce qui se fait par les mesmes raisons des Rhombes. Exemple. S'il y a vn Rhomboide , duquel l'vn des Diametres face 20. & la perpendiculaire tombant de l'angle du Rhomboide sur ledict Diametre face 8. en multipliant 20. par 8. il en sera produict 160. pour le contenu du Rhomboide. Si aussi l'on multiplie la base du Rhomboide par la hauteur d'iceluy, c'est a dire par la perpendiculaire menée du costé opposé à la dicte base, le produict sera le contenu du Rhomboide. Exemple. Soit la base du Rhomboide de 12. piedz, & la hauteur d'iceluy de 6. multipliez 12. par 6. vous aurez pour le contenu du Rhomboide 72. piedz. Ceste maniere de faire est prinse de la trentecinquiesme proposition du premier liure des Elemẽts d'Euclide, qui est que. Tous Parallelogrammes contenuz en mesme base, & mesmes Paralleles sont esgaux entre eux.

LA MANIERE DE MEsurer les Trapezes ayants deux costez Paralleles.

CHAPITRE VII.

QVelques vns des Trapezes ont deux costez Parallèles, les autres n'en ont point. Ceux qui ont deux costez Paralleles, se disent vulgairement Trapezes Isosceles ou Scalenes : les autres Trapezoides. Si doncques les Trapezes proposez ont deux costez Paralleles ou equidistants, pour auoir leur quãtité fault adiouster ensemblable les deux dictz costés, & multiplier la moitié de ce qui en sera faict par la hauteur du Trapeze, le produict sera le contenu du Trapeze. Exemple. Si l'vne des Paralleles du Trapeze faict 18. l'autre 10. & la hauteur du Trapeze 7. il fault adiouster 18. & 10. ensemble, & s'en faict 28. dont la moitié est 14. qui fault multiplier par 7. & le produict sera 98. Ce qui se faict à raison que si vous ioignez directement la quantité de 18. auec celle de 10. & celle de 10. auec celle de 18. vous ferez vn Parallelogramme double au Trapeze proposé : dont la moitié d'iceluy Parallelogramme sera egal au Paral lelogramme Rectangle contenu de la moitié des deux costez Paralleles, & de la hauteur du Trapeze, par la trentecinquiesme proposition du premier liure des Elements d'Euclide, & par la septiesme & premiere commune sentence.

LA MANIERE DE mesurer les Trapezoides.

CHAPITRE. VIII.

LEs Trapezes qui n'ont point de costez Paralleles, se nomment Trapezoides, & se mesurent par l'vn des Diagones, & par les moitiés des perpendiculaires menees des Angles du Trapeze sur ledit Diagone. Exẽple. Si le Diagone du Trapeze fait 18. & l'vne des perpendiculaires venant de l'vn des angles sur ledit Diagone face 6. l'autre 8. il fault adiouster 6. & 8. ensemble: il en est fait 14. dont la moitié est 7. il faut doncques multiplier 18. par 7. il en est produict 126. pour le contenu du Trapezoide. Ce qui se peult accommoder aux Trapezes ayants les costés Paralleles.

APres auoir exposé le moyen de mesurer toutes superficies closes & fermees de quatre costez, comme Quarrés, Berlõgs, Rhombes, Rhomboides, & Trapezes: nous viendrons aux Triangulaires qui sont Isopleures, Isosceles, & scalenes: & commencerons aux reigles plus generales: puis descenderons aux speciales.

REIGLE GENERALE pour mesurer toutes superficies Triangulaires en prenant les costez.

Chapitre IX.

S'Il nous est proposé vn Triangle pour mesurer, de quelque sorte qu'il soit, faut prendre la moitié des trois costés adioustés ensemble, & soubstraire d'icelle lesdits trois costés separément, & noter les differences & apres auoir multiplié la mesme moitié & lesdites differences ensemble, & prins la racine quarree de ce qui en sera produict, l'on trouuera le contenu du Triangle. Exemple. Soit vn Triangle duquel les trois costés facent 13. 14. & 15. lesquels adioustés ensemble font 42. dont la moitié est 21. & pour ce que les differences de 21. à 13. 14. & 15. sont 8. 7. & 6. apres auoir multiplié 21. par 8. il en sera fait 163. lequel nombre multiplié par 7. fait 1176. & iceluy multiplié par 6. produict 7056. dont la racine quarree est 84. pour le contenu du Triangle proposé. Ceste maniere de faire est demonstree de Iourdan, & de frater Lucas Delbourgo, & aussi de Nicolas Tartelea, Autheurs excellents, & quant au regard de ceste matiere, renommés entre les autres.

REGLE GENERALE pour mesurer toutes Superficies Triangulaires en prenant la perpendiculaire.

CHAPITRE X.

POur auoir le contenu d'vn Triangle proposé, fault multiplier la base par la hauteur d'iceluy: & la moitié du produict nous donnera ce que cerchons. Exemple. Soit la base du Triangle de 10. pieds & la hauteur de 12. multipliés 10. par 12. le produict sera de 120. pieds, duquel la moitié qui est 60. nous donnera le contenu du Triangle. Ce qui ſe faict, à cauſe que de la baſe dudict Triangle & de ſa hauteur, ſe deſcrit vn Parallelogramme Rectangle, qui eſt double audict Triangle: pour ce qu'ils ſont en meſme baſe & en meſmes Paralleles: comme il eſt monſtré par la quarante & vnieſme propoſitiõ du premier liure des Elements d'Euclide. Or eſt il que pour auoir le contenu du Parallelogramme Rectangle, faut prendre tout le produict de la multiplication de la hauteur par la largeur (comme il a eſté declaré par cy deuant) prenant donques la moitié du produict ſeulement (pour ce que ledict Parallelogrãme eſt double au Triangle) nous aurons le cõtenu du Triangle propoſé. Ceſte maniere de practiquer eſt familiere aux meſures de terre.

LA MANIERE DE Trouuer la Perpendiculaire de tous Triangles, icelle tombant dedans le Triangle.

CHAPITRE II.

POur auoir la Perpendiculaire de quelque Triangle que ce ſoit tombant en iceluy, fault prẽdre le quarré de la baſe & l'adiouſter au quarré de l'vn des cõſtez du Triangle: puis ſoubſtraire de ce qui en ſera faict, le quarré de l'autre coſté, & apres auoir diuiſé la moitié de ce qui reſtera par la baſe du Triangle, il en viendra la partie de la baſe, cõterminale au coſté, duquel le quarré aura eſté adiouſté au quarré de la baſe, & apres auoir ſoubſtraict le quarré d'icelle partie dudict quarré adiouſté & prins la racine quarrée de la reſte, on aura la grandeur de la perpendiculaire. exemple. Soit proposé quelque Triãgle, comme vn Scalene Oxygone, duquel l'vn des coſtez ſoit de 6. pieds & $\frac{1}{2}$ l'autre de de 7. & $\frac{1}{2}$. la baſe de 7. prenez le quarré de la baſe qui eſt de 49. & l'adiouſtez auec le quarré du plus grand coſté ayant 7. $\frac{1}{2}$ qui eſt 56. $\frac{1}{4}$. il s'en fait 105. $\frac{1}{4}$. duquel nombre fault ſoubſtraire 42. $\frac{1}{4}$. qui eſt le quarré de l'autre coſté du Triangle, qui a 6. piedz & $\frac{1}{2}$ il reſtera 63. dont la moitié eſt 31. $\frac{1}{2}$ qui fault diuiſer par la baſe qui eſt 7. il en viendra 4. $\frac{1}{2}$. pour la partie de la baſe conterminale au coſté, duquel le quarré a eſté adiouſté au quarré de la baſe: & apres auoir ſoubſtraict le quarré d'icelle partie qui eſt 20. $\frac{1}{4}$. dudict quarré adiouſté, qui eſtoit 56. & $\frac{1}{4}$ reſte 36. dont la racine quarrée eſt 6. qui eſt la grandeur de la Perpendiculaire. Ce qui eſt prins de la trezieſme proposition du second des Elements d'Euclide, qui est. Qu'en tous Triangles Oxygones le quarré du costé opposé à l'ägle agu est plus petit que le quarré des deux autres costez qui contiennent l'angle agu, de la quantité de deux Rectangles contenuz de toute la base, & de la partie d'icelle comprinse entre la Perpendiculaire tombant sur icelle base & ledict angle poinctu: & aussi de la quaranteseptiesme du premier liure.

LA MANIERE DE Trouuer la Perpendiculaire des Triangles, qui ont deux costez egaux, comme Isopleures & Isosceles.

CHAPITRE XII.

POur auoir la hauteur des Triangles Isopleures & Isosceles (si d'aduenrure elle nous est incogneuë) fault soubstraire le quarré de la moitié de la base, du quarré d'vn des costez: & la racine quarrée du residu sera la hauteur que nous cerchons, c'est à dire, de la ligne Perpendiculaire. Exemple. Soit vn Triangle ayãt les deux costez egaux, duquel la moitié de la base soit de 5. piedz, & l'vn des deux costez egaux de 13. ostez le quarré de 5.

qui est 25. du quarré de 13. qui est 169. il restera 144. duquel nombre la racine quarrée, qui est 12. donnera la hauteur du Triangle. Ce qui se faict à raison que de la base & d'vn des costez du Triangle auec la hauteur d'iceluy est d'escrit vn Triangle Rectangle, duquel les quarrez faitz des deux moindres costez contenants l'angle droict, sont egaux au quarré du plusgrand costé qui soubstend l'angle droict, par la quaranteseptiesme proposition du premier liure des Elements d'Euclide. Parquoy en soubstrayant du quarré faict du grand costé, celuy qui est fait de la moitié de la base, ce qui restera sera egal au quarré de la hauteur. En prenant doncques la racine quarrée de ce qui reste, nous aurons la quãtité de la hauteur que desirons, qui est la ligne Perpendiculaire.

LA MANIERE DE mesurer tous Triangles qui ont deux costez egaux, comme Isopleures & Isosceles.

CHAPITRE XIII.

POur sçauoir le contenu d'vn Triangle ayant deux costez egaux, il fault soubstraire le quarré de la moitié de la base du quarré de l'vn des costez, & multiplier ce qui restera par le soubstraict: puis prendre la racine quarrée de ce qui en sera produict, laquelle monstrera le contenu du Triangle proposé. Ce qui se fait, pour ce que le contenu de tous Triangles Isopleures ayants les costez rationaux, c'est à dire mesurables, sera necessairement irrationel, c'est a dire non iustemẽt mesurable. Ce qui peult estre prins de la quaranteseptiesme proposition du premier des Elements d'Euclide, & de la derniere partie de la neufiesme proposition du dixiesme, qui dict. Que les quarrez n'ayants point la proportion entre eux, qu'ont vn nombre quarré, à vn nombre quarré n'auront point aussi les costez commensurables de longitude. Or est il ainsi, que le quarré de la Perpendiculaire d'vn Triangle Isopleure au quarré de la moitié de la base, aura tousiours la raison de trois à vn: par le quatriesme proposition du second liure, & par la Correlaire de la dixneufiesme proposition du cinquiesme, & aussi par la vingtdeuxiesme du mesme liure. Puis donc que la raison de trois à vn n'est point comme vn nõbre quarré à vn nombre quarré: il s'ẽsuiura que ladicte Perpẽdiculaire, & la moitié de la base du Triãgle Isopleure seront incõmensurables de longitude. Et pource que le Triangle est egal au Rectangle contenu desdictes deux quantitez incõmensurables de longitude, lequel sera irrationel par la vingtdeuxiesme propositiõ du dixiesme liure. De là s'ensuiura, que le contenu du Triãgle Isopleure sera aussi irrationel. Le sẽblable se fait aux Triangles ayants tant seulement deux costez egaux, dont les contenuz d'aucuns sont mesurables, & les autres nõ iustement mesurables: par les mesmes propositions ci dessus nõmées. Exemple d'vn Triangle Æquilatere ayant 8. pour chacun de ses costez, pour sçauoir combien est le contenu d'iceluy: fault prendre le quarre de. 8 qui est 64. il faut prendre aussi la moitié de 8. qui est 4. dont le quarré est 16. & apres auoir soubstraict 16. de 64. il reste 48. lesquels multipliez par 16. produisent 768. dont la racine quarrée est 27. & presque $\frac{39}{54}$ ou presque $\frac{39}{55}$. pour le contenu du Triangle. Exemple d'vn Triangle Isoscele ayant 12. pour chacun des costez egaux, & 8. pour la base. Il fault prendre le quarré de 12. qui est 144. fault prendre aussi la moitié de 8. qui est 4. dont le quarré est 16. lequel soubstraict de 144. restent. 128. Il fault doncques multiplier, 128. par 16. il en est fait 2048. dont la racine quarrée qui est 45. & presque $\frac{23}{90}$. ou presque $\frac{23}{19}$. est le cõtenu du Triãgle proposé. Et pour ce que cest exẽple est d'vn Triãgle Isoscele nõ iustemẽt mesurable, nous en metrons deux autres d'vn Isoscele iustemẽt mesurable. Soit donques vn Triãgle Isoscele ayãt 13. pour chacun des costez egaux: & 10. pour la base, il fault prendre le quarré de 13. qui est 169. il fault prẽdre aussi la moitié de 10. qui est 5. dõt le quarré est 25. lequel soubstraict de 169. restent 144. Il fault donques multiplier 144. par 25. il en est produict 3600. dõt la racine quarrée qui est 60. dous donnera le cõtenu du Triangle. Autre exemple. Soit vn Triangle Isoscele ayant 10. pour chacun des costez egaux, & 12. pour la base. Il fault prendre le quarré de 10. qui est 100. il fault prendre aussi la moitié de 12. qui est 6. dont le quarré est 36. lequel soubstraict de 100. restent 64. Il fault donques multiplier 64. par 36. il en est produict 2304 duquel nombre la racine quarrée qui est 48. nous donnera le contenu du Triangle.

Les superficies qui ont les costez inegaux sont appellées Scalenes, lesquelles pour la varieté de leurs angles se trouuent en trois differences: car les vnes ont vn angle droict, les autres vn angle obtus, & quelques vnes tous les angles agus. Celles qui ont l'angle droict, se disent Scalenes Rectangles: les autres qui ont l'angle obtus, Amblygones: & celles qui les ont tous trois agus, Oxygones.

LA MANIERE DE MESURER LES SCALENES RECTANGLES.

CHAPITRE XIIII.

Les Scalenes Rectangles ne se mesurent point autrement que les Isosceles Rectangles, en multipliant l'vn des costez qui contiennent l'angle droict par l'autre, & en prenant la moitié du produict pour le contenu d'iceluy. Exemple. Si on propose vn Scalene Rectangle, duquel l'vn des costez comprenants l'angle droict soit de 6. pieds, l'autre de 8. multipliez 6. par 8. le produict sera 48. dont la moitié qui est 24. sera le contenu du

Triangle. Ce qui se fait pour ce que ledict Triangle est la moitié d'vn Parallelogramme Rectangle faict des deux costez qui contiennent l'angle droict, duquel le contenu est le produict de la multiplication de l'vn des costez par l'autre. La moitié donques d'iceluy sera la quantité du Triangle proposé.

LA MANIERE DE mesurer les Scalenes Oxygones & Ambligones.

CHAPITRE XV.

POur auoir la quantité d'vn Scalene Oxygone ou Amblygone: faut premieremét cercher la Perpendiculaire par la Reigle generale qui a esté par ci deuãt declarée & puis la multiplier par toute la base du Triangle proposé, & prendre la moitié du produict pour le contenu du Triangle. Exemple d'vn Scalene Oxygone, duquel la Perpendiculaire soit de 6. pieds, & la base de 7. multipliez 7. par 6. le produict sera 42. duquel la moitié qui est 21. nous donnera le contenu du Triãgle proposé. Exemple d'vn Scalene Amblygone, duquel la Perpendiculaire soit de 8. &

la base de 21. multiplie 8. par 21. il en est produict 168. duquel la moitié 84. est la quantité du Triangle proposé. Ce qui se faict par la quarante et vniesme proposition du premier liure des Elements d'Euclide.

LA MANIERE DE MEsurer les Superficies Polygones.

CHAPTRE XVI.

QVant aux Superficies qui ont plus de quatre costez, qu'on appelle vulgairement multilateres: ou ils sont Regulieres, ou Irregulieres. Les Regulieres qui ont les costez & les angles egaux, se mesurent en tirant du centre la Perpendiculaire sus le milieu d'vn des costez egaux, & en multipliant par icelle la moitié de tout le circuit: car le produict nous donnera le contenu. Soit pour Exemple vn Pentagone, duquel chacun des costez ait 12. pieds, & la Perpēdiculaire tirée du cētre sus le milieu d'vn des costez 8. pieds. Et pour ce que cinq fois 12. fait 60. pour tout le circuit: la moitié d'iceluy sera 30. Multipliez donques 30. par 8. il en sera produict 240. pour le contenu du Pentagone. Soit de rechef vn Hexagone, duquel chacun des costez face 6. pieds, & la Perpendiculaire 5. & $\frac{2}{5}$. & pour ce que tout le circuit est de 36. pieds: multipliez la moitié qui est 18 par la Perpendiculaire, vous aurez 93. & $\frac{3}{5}$. pour le contenu de l'Hexagone.

POur auoir le centre de la figure Polygone Reguliere, fault considerer si les costez d'icelle sont pers, ou non pers: s'ils sont pers (comme en vn Hexagone) fault tirer de deux angles aux autres opposites deux lignes droictes, & le poinct auquel s'entrecouperót, monstrera le centre que cerchons. Si les costez sont non pers (comme en vn Pentagone) fault tirer deux lignes droictes du milieu de deux des costez egaux aux angles opposites, l'intersection desquelles nous donnera le centre.

S'ils sont Irregulieres, c'est à dire, s'ils ont les costez & les angles inegaux, les fault diuiser en Triangles selon la commodité qui s'offrira, & prendre par les mesures des Triangles leurs quantitez, lesquelles adioustées ensemble donneront le contenu de la Superficie proposée.

TOVT PAR MESVRE.

Fin du traicté de l'art de mesurer par Iehan des Merliers lecteur & Professeur du Roy ez Mathematiques.

TABLE DES CHAPITRES CONTENVS EN LA GEOMETRIE Practique de Charles de Bouelles.

Des Principes & dimensions Geometriques & de la figure circulaire, & partie d'icelle, Chap. 1. f. 13.

Des figures Angulaires. Chap. 2. f. 40.

Des Inscriptions & circonscriptions des figures angulaires dedans & autour des cercles. Ch. 3. f. 96

De la Quadrature du Cercle. Chap. 4 f. 105.

Des dimensions solides & corporelles appellees les corps Geometriques. Chap. 5 f. 121.

De la Cubation de la Sphere. Chap. 6. f. 143.

Du Son & accord des cloches, & des alleures des cheuaux, chariots & charges: des fontaines & encyclie du monde: & de la dimension du corps humain. Chap. 7 f. 159

Les vtilitez & excellences de Geometrie. Chap 8. f. 200.

Table des Chapitres contenuz au Traicté des mesures Geometriques des Iehan Pierre de Mesmes.

Pour entendre les mesures Geometriques, conuient sçauoir & proposer aucuns preceptes & preambules introductoires. Proposition premiere. Chap. 1. f. 222.

Moyen de sçauoir prendre la hauteur de quelque corps que ce soit, eleué à plomb sur quelque pleine: & ce par son vmbre. Proposition 2. Ch.2. f.238.

Moyen de mesurer & trouuer la hauteur de toute chose accessible eleuée sur vn lieu plain & egal: & ce autrement que par son vmbre. Proposition 3. Chap.3. f.249.

Comme on doibt prendre la mesure d'vne hauteur mise deuant nous, sans se remuer, ou changer de lieu ou vous estiez premierement. Proposition 4. Chap.4. f.251.

Comme on peult artificiellement trouuer & mesurer la hauteur de quelque chose inaccessible, eleuée Perpendiculairement sur vne plaine. Propositiõ 5. Chap.5. f.259.

Moyen de sçauoir mesurer la hauteur de quelque chose eleuee sur vne montagne de laquelle choses les deux bouts, tant de celuy d'embas, que le sommet, sont veus de l'œil de celuy qui est en la plaine, ou vallée. Proposition 6. Chap.6. f.271.

Moyen d'entẽdre & pratiquer la Planimetrie (c'est a dire la longitude de quelque chose plaine) par l'Astrolabe. Proposition 7. Chap.7. f.275.

A sçauoir mesurer le profond d'vn puys, ou d'vne Cisterne dont on peult veoir le fond, au bout d'enbas. Proposition 8. Chap.8. f.283.

Tables des Chapitres contenus en l'Art de mesurer de M. Iehan des Merliers.

L'Art de mesurer toutes superficies Rectilignes tiré de Elemens d'Euclide. Chap.1. f.289.

La maniere de mesurer tous Parallelogrammes Rectangles. Chap.2 f.292.

La maniere de reduire vn Parallelograme Rectangle ou Berlong à vn autre egal, qui soit plus long ou plus large. Chap.3. f.295.

La maniere de reduire vn Parallelogrãme Rectangle longuet a vn quarré. Chap.4. f.297.

La maniere de mesurer les Rhombes autrement appellez lozenges. Chap.5 f.298.

La maniere de mesurer les Rhõboides. C.6. f.300.

La maniere de mesurer les Trapezes ayans deux costez Paralleles. Chap.7. f.301.

La maniere de mesurer les Trapezoides. Chap.8. f.302.

Reigle Generale pour mesurer toutes superficies Triangulaires en prenant les costez. C.9. f.303.

Reigle Generale pour mesurer toutes superficies triangulaires en prenant la Perpendiculaire. Chap.10. f.304.

La maniere de trouuer la Perpendiculaire de tous triangles, icelles tombant dedans le triangle. Chap.11. f.305.

La maniere de trouuer la Perpendiculaire des Triã-

gles qui ont deux costez esgaux comme Isopleures & Isosceles. Chap.12.f.307.

La maniere de mesurer tous Triangles qui ont deux costez egaux, comme Isopleures & Isosceles. Chap.13. f. 309.

La maniere de mesurer les Scalenes Rectangles. Chap.14. f.312.

La maniere de mesurer les Scalenes Oxigones & Amblygones. Chap.15.f.313.

La maniere de mesurer les superficies Polygones. Chap.16. f.314.

Fin des Tables des Chapitres contenus tant en la Geometrie de M. Charles de Bouelles qu'au Traicté des Mesures Geometriques de M. Iehan Pierre de Mesmes : & de l'Art de mesurer toutes superficies Rectilignes de M. Iehan des Merliers.

VIRTVTIS ET GLORIÆ,

COMES INVIDIA:

www.ingramcontent.com/pod-product-compliance
Ingram Content Group UK Ltd.
Pitfield, Milton Keynes, MK11 3LW, UK
UKHW020105200726
13856UKWH00002B/395

9 782013 487221